T0197074

essentials

essentials liefern aktuelles Wissen in konzentrierter Form. Die Essenz dessen, worauf es als „State-of-the-Art" in der gegenwärtigen Fachdiskussion oder in der Praxis ankommt. *essentials* informieren schnell, unkompliziert und verständlich

- als Einführung in ein aktuelles Thema aus Ihrem Fachgebiet
- als Einstieg in ein für Sie noch unbekanntes Themenfeld
- als Einblick, um zum Thema mitreden zu können

Die Bücher in elektronischer und gedruckter Form bringen das Fachwissen von Springerautor*innen kompakt zur Darstellung. Sie sind besonders für die Nutzung als eBook auf Tablet-PCs, eBook-Readern und Smartphones geeignet. *essentials* sind Wissensbausteine aus den Wirtschafts-, Sozial- und Geisteswissenschaften, aus Technik und Naturwissenschaften sowie aus Medizin, Psychologie und Gesundheitsberufen. Von renommierten Autor*innen aller Springer-Verlagsmarken.

Susanne Schindler-Tschirner ·
Werner Schindler

Mathematische Geschichten VIII – Stochastik, trigonometrische Funktionen und Beweise

Für begabte Schülerinnen und
Schüler in der Oberstufe

 Springer Spektrum

Susanne Schindler-Tschirner
Sinzig, Deutschland

Werner Schindler
Sinzig, Deutschland

ISSN 2197-6708   ISSN 2197-6716 (electronic)
essentials
ISBN 978-3-662-68359-0   ISBN 978-3-662-68360-6 (eBook)
https://doi.org/10.1007/978-3-662-68360-6

Die Deutsche Nationalbibliothek verzeichnet diese Publikation in der Deutschen Nationalbibliografie; detaillierte bibliografische Daten sind im Internet über http://dnb.d-nb.de abrufbar.

Planung/Lektorat: Iris Ruhmann
Springer Spektrum ist ein Imprint der eingetragenen Gesellschaft Springer-Verlag GmbH, DE und ist ein Teil von Springer Nature.
Die Anschrift der Gesellschaft ist: Heidelberger Platz 3, 14197 Berlin, Germany

Das Papier dieses Produkts ist recyclebar.

Was Sie in diesem *essential* finden können

- Lerneinheiten in Geschichten
- Zufallsvariablen, Erwartungswert, 2-Personen-Nullsummenspiele
- Aussagenlogik, Wahrheitstafeln
- Trigonometrie, Sinussatz, komplexe Exponentialfunktion
- Graphen, Eulertouren
- Beweise
- Musterlösungen

Vorwort

Die Bände I bis VI der „Mathematischen Geschichten" (Schindler-Tschirner & Schindler, 2019a, b, 2021a, b, 2022a, b) waren auf mathematisch begabte Schülerinnen und Schüler der Grundschule (Klassenstufen 3 und 4), der Unterstufe (Klassenstufen 5 bis 7) und der Mittelstufe (Klassenstufen 8 bis 10) zugeschnitten. Nicht nur der Schwierigkeitsgrad der Aufgaben, sondern auch der Erzählkontext hat sich dabei stetig weiterentwickelt und der Reife der Schülerinnen und Schüler angepasst. Die „Mathematischen Geschichten" I–VI können auch von Schülerinnen und Schülern mit Gewinn bearbeitet werden, die älter als die jeweils avisierte Zielgruppe sind.

Band VII der „Mathematischen Geschichten" (Schindler-Tschirner & Schindler, 2023) und dieser Band bilden den Abschluss der „Mathematischen Geschichten". Sie sprechen folgerichtig mathematisch begabte Schülerinnen und Schüler in der Oberstufe an.

Wir haben uns entschieden, die Konzeption und Ausgestaltung der bisher erschienenen Bände fortzuführen. In sechs Aufgabenkapiteln werden mathematische Techniken motiviert und erarbeitet und zum Lösen einfacher wie anspruchsvoller Aufgaben angewandt. Weitere sechs Kapitel enthalten vollstandige Musterlösungen und Ausblicke über den Tellerrand.

Auch mit diesem *essential* möchten wir einen Beitrag leisten, Interesse und Freude an der Mathematik zu wecken und mathematische Begabungen zu fördern.

Sinzig   Susanne Schindler-Tschirner
im Dezember 2023   Werner Schindler

Inhaltsverzeichnis

1   Einführung 1
   1.1   Mathematische Ziele 1
   1.2   Didaktische Anmerkungen 5
   1.3   Der Erzählrahmen 7

Teil I   Aufgaben

2   Durchschnitt 11

3   Spielen macht Spaß! 15

4   Alles ganz logisch! 21

5   Ein Blick in die andere Ecke 25

6   Ein Mal ins Komplexe und wieder zurück 29

7   Auf Eulers Spuren 33

Teil II   Musterlösungen

8   Musterlösung zu Kap. 2 39

9   Musterlösung zu Kap. 3 43

10   Musterlösung zu Kap. 4 47

11   Musterlösung zu Kap. 5 53

12   Musterlösung zu Kap. 6 59

13   Musterlösung zu Kap. 7   63

Literatur   69

Einführung 1

Dieses *essential* bildet den Abschluss der „Mathematischen Geschichten". Wie im Vorgängerband (Schindler-Tschirner & Schindler, 2023) begleiten Oberstufenschülerinnen und -schüler die Protagonisten Anna und Bernd auf ihrem Weg. Die bewährte Struktur der Vorgängerbände wurde beibehalten: Sechs Aufgabenkapiteln folgen sechs Musterlösungskapitel, die auch didaktische Anregungen und Ausblicke enthalten und mathematische Zielsetzungen ansprechen. Beide *essentials* richten sich an Leiterinnen und Leiter[1] von Arbeitsgemeinschaften, Lernzirkeln und Förderkursen für mathematisch begabte Schülerinnen und Schüler der Oberstufe sowie von Schüler-Matheclubs, die vermehrt an Universitäten angeboten werden. Auch Lehrkräfte, die differenzierenden Mathematikunterricht praktizieren, Lehramtsstudierende und engagierte Eltern für eine außerschulische Förderung gehören zur Zielgruppe. Im Aufgabenteil wird der Leser mit „du", in den Musterlösungen mit „Sie" angesprochen.

1.1 Mathematische Ziele

In diesem *essential* setzen wir das Konzept der Vorgängerbände, den „Mathematischen Geschichten" I–VII (Schindler-Tschirner & Schindler, 2019a, b, 2021a, b, 2022a, b, 2023), fort. Wie bereits in Band VII wurde der Geschichtsanteil in den

---

[1] Um umständliche Formulierungen zu vermeiden, wird im Folgenden meist nur die maskuline Form verwendet. Dies betrifft Begriffe wie Lehrer, Kursleiter, Schüler etc. Gemeint sind jedoch immer alle Geschlechter.

S. Schindler-Tschirner und W. Schindler, *Mathematische Geschichten VIII – Stochastik, trigonometrische Funktionen und Beweise*, essentials, https://doi.org/10.1007/978-3-662-68360-6_1

Aufgabenkapiteln reduziert. Ein alter MaRT-Fall bleibt aber weiterhin das zentrale Element jedes Kapitels.

Die Bedeutung der Begabtenförderung in der Mathematik wird in der Fachliteratur hervorgehoben. Die Anforderung an eine qualitativ hochwertige Begabtenförderung besteht darin, durch gezielte Fördermaßnahmen leistungsstarke Schülerinnen und Schüler angemessen zu fordern und zu fördern. Eine Herausforderung besteht darin, einerseits Potenziale zu erkennen, aber andererseits Wege aufzuzeigen, wie diese Potenziale in Leistung, Motivation und Innovation umgesetzt werden können. Begabung kann sich nur bei adäquater und systematischer Förderung entwickeln. Beispielsweise bemerkt (Leppmeier, 2019, IX): „Mit meinem Buch möchte ich Appetit machen auf mathematische Begabungsförderung. Denn mathematische Begabung ist viel zu schade für ein selektives Denken in schulmeisterlicher Manier; sie ist vielmehr ein wertvolles Geschenk, das in jeder Hinsicht Aufmerksamkeit, Förderung und uneingeschränkte Entwicklungsmöglichkeiten verdient." Eine ausführliche Übersicht über mathematikspezifische Begabungsmerkmale unterschiedlicher Jahrgangsstufen findet man in (Zehnder, 2022, S. 134–139; vgl. u. a. Tab. 3.2 auf S. 136).

In den „Mathematischen Geschichten VII" (Schindler-Tschirner & Schindler, 2023, Kap. 1) wurde auf verschiedene Programme zur Förderung begabter Schülerinnen und Schüler in der Oberstufe (vgl. Kultusministerkonferenz (2015), Möhringer (2019, S. 23), Telekomstiftung (2011) und auf den Sammelband (Schiemann, 2009) hingewiesen. Wie ihre Vorgängerbände gehen beide *essentials* nicht weiter auf allgemeine didaktische Überlegungen und Theorien zur Begabtenförderung ein. Das Literaturverzeichnis enthält aber für den interessierten Leser wieder eine Auswahl einschlägiger didaktikorientierter Publikationen.

Auch dieser Band setzt keine besonderen Schulbücher voraus. Die Schüler lernen in diesem *essential* und in dem Vorgängerband „Mathematische Geschichten VII" neue mathematische Methoden und Techniken kennen und anzuwenden, und einige Techniken aus den Vorgängerbänden werden vertieft. Diese werden in vielseitigen und sorgfältig ausgearbeiteten Lerneinheiten präsentiert. Der rote Faden in allen acht Bänden bildet das Führen von Beweisen, das in der Mathematik von zentraler Bedeutung ist. Zu allen Kapiteln gibt es vollständige Musterlösungen mit didaktischen Anregungen.

Die Bände I–VI waren in aller Regel „self-contained". Dieser Anspruch kann, wie schon in Band VII, auch in diesem *essential* nicht überall aufrechterhalten werden, weil dies sonst den Umfang des Buches gesprengt hätte oder nur wenig neuer Stoff möglich gewesen wäre. Es ist Aufgabe des Kursleiters, etwaige Wissenslücken zu schließen oder „Vergessenes" aufzufrischen. In den Musterlösungen wird hierauf hingewiesen und Hilfestellung gegeben.

Wie in Band VII standen die Autoren vor der Herausforderung, anspruchsvolle Aufgaben für Schüler der Oberstufe zu konzipieren. Es erschien wenig sinnvoll, nur thematisch erweiterten Oberstufenstoff zu behandeln, da die Schüler die beiden *essentials* dann erst zum Ende ihrer Oberstufenzeit bearbeiten könnten. Stattdessen haben wir uns in diesem *essential* in dieser Hinsicht im Wesentlichen darauf beschränkt, Aufgaben und Techniken aus der Stochastik und Analysis zu integrieren und mit komplexen Zahlen zu arbeiten. Mathematisches Denken der Schüler zu fördern und ein selbstständiges Herangehen an unbekannte Aufgabenstellungen zu entwickeln, ist auch in diesem *essential* das zentrale Ziel.

Leistungsstarke Schüler können typische Schulbuchaufgaben normalerweise ohne größere Anstrengung lösen. Die Aufgaben in diesem *essential* sind hingegen deutlich anspruchsvoller, was Motivation, Herausforderung und Lernfreude fördert. Bereits (Kruteskii, 1976, S. 345) stellt fest, dass Interesse und Lernfreude als motivierende Kraft für die Entwicklung mathematischer Fähigkeiten essentiell sind: „It is expressed in a selectively positive attitude toward mathematics, the presence of deep and valid interests in the appropriate area, a striving and a need to study it, and an ardent enthusiasm for it. This kind of inclination, as a need for mathematical activity, is the strongest motivating force in the development of abilities."

Auch dieser Band erfordert für das Lösen der gestellten Aufgaben ein großes Maß an mathematischer Phantasie und Kreativität. Diese Eigenschaften werden durch die regelmäßige Beschäftigung mit mathematischen Problemen gefördert. Das Wiedererkennen bekannter Strukturen und Sachverhalte (auch in modifizierter Form) und der Transfer bekannter Strukturen sind sind von zentraler Bedeutung. Die Schüler sollen die Lösungen der einzelnen Aufgaben noch selbstständiger als in den Vorgängerbänden suchen. Die Schüler werden ermutigt, komplexe Probleme eigenständig anzugehen und Lösungswege zu finden. Dabei lernen die Schüler, ihre eigenen Lernprozesse zu steuern und sich Ziele zu setzen. Dies fördert die Entwicklung von Selbstvertrauen und Selbstregulierungsfähigkeiten. Bei der Lösung der Aufgaben kann der Kursleiter darauf achten, dass die Schüler in ihrem eigenen Tempo voranschreiten. Dies verhindert zum einen, dass Schüler unter- oder überfordert werden, zum anderen wird sichergestellt, dass jeder Schüler sein volles Potenzial ausschöpfen kann. Eine gezielte Hilfestellung durch den Kursleiter bleibt wichtig.

Zusätzlich zu den mathematischen Fähigkeiten unterstützt die Beschäftigung mit den Aufgaben gleichzeitig wichtige „Softskills" wie Geduld, Ausdauer und Zähigkeit, aber auch Neugier und Konzentrationsfähigkeit. Die Freude am Problemlösen soll durch die Aufgaben geweckt bzw. gesteigert und das strukturelle mathematische Denken gefördert werden, wobei letzteres eine noch wichtigere Rolle spielt als in den Bänden I–VI.

Ein „alter MaRT-Fall" bildet das aus den Vorgängerbänden vertraute und zentrale Element aller Aufgabenkapitel. Dabei steht das Acronym „MaRT" für „Mathematische Rettungstruppe". Alte MaRT-Fälle stellen in bekannter Weise relativ schwierige (Realwelt-)probleme dar, die neue mathematische Techniken benötigen und motivieren. Die benötigten Techniken werden im jeweiligen Kapitel eingeführt. Schüler erproben die neuen Methoden zunächst an einfacheren Aufgaben, um sie am Ende des Kapitels auf den komplexen alten MaRT-Fall anzuwenden. Kap. 2 und 3 behandeln ausgewählte Themen aus der Stochastik. Kap. 2 konzentriert sich auf diskrete Zufallsvariablen. Schwerpunkte sind die geometrische Verteilung sowie das Verständnis und das Rechnen mit Erwartungswerten. Kap. 3 enthält zunächst weitere Aufgaben zum Erwartungswert und führt dann in die mathematische Spieltheorie ein. Dort liegt der Schwerpunkt auf gemischten Erweiterungen endlicher 2-Personen-Nullsummenspiele. In Kap. 4 werden die Schüler in die Grundlagen der Aussagenlogik eingeführt. Es werden u. a. Realweltprobleme modelliert und dann gelöst. Trigonometrische Funktionen, genauer gesagt, Sinus und Cosinus, sind Gegenstand der Kap. 5 und 6. Kap. 5 befasst sich mit dem Sinussatz und verschiedenen (primär geometrischen) Anwendungen, während in Kap. 6 Additionstheoreme für Sinus und Cosinus hergeleitet und bewiesen werden. Hierfür lernen die Schüler die komplexe Exponentialfunktion kennen. Den Abschluss bildet Kap. 7, das sich mit Graphentheorie und dort mit Eulertouren befasst. Mit Kap. 7 schließt sich ein Kreis, da Anwendungen der Graphentheorie bereits in den Mathematischen Geschichten I (Schindler-Tschirner & Schindler, 2019a) ausführlich besprochen wurden (sogar schon im allerersten „Mathematischen Abenteuer"; vgl. (Schindler-Tschirner & Schindler, 2019a, Kap. 2). In Tab. II.1 findet der Leser eine Zusammenstellung, welche mathematischen Techniken in den einzelnen Kapiteln eingeführt werden. In den Musterlösungen bieten die „Mathematischen Ziele und Ausblicke" einen Blick über den Tellerrand hinaus.

Die zeitliche Nähe zum Studium macht die nachhaltige Förderung der mathematischen Fähigkeiten noch wichtiger als in den Vorgängerbänden. Es wurde bereits erwähnt, dass die Aufgaben darüber hinaus auch Softskills wie Anstrengungsbereitschaft, Beharrlichkeit und Zähigkeit fördern, die für nachhaltigen Erfolg in der Mathematik unverzichtbar sind. Dies gilt auch auch andere MINT-Studiengänge.

Auch dieses *essential* kann gezielt zur Vorbereitung auf Wettbewerbe eingesetzt werden. Dies betrifft zum einen die erlernten mathematischen Methoden und Techniken, aber auch die Aufgaben, in denen diese Techniken Anwendung finden. Wie auch in den Mathematischen Geschichten VII möchten wir mathematisch begabte Oberstufenschüler ausdrücklich ermutigen, an Mathematik-Wettbewerben teilzunehmen. Hier sei nochmals auf die jährlich stattfindende Mathematikolympiade mit klassenstufenspezifischen Aufgaben (Mathematik-Olympiaden e. V., 1996–2016,

2017–2023), und den Bundeswettbewerb Mathematik (Specht et al., 2020) hingewiesen. Die Österreichische Mathematik-Olympiaden (Baron et al., 2019) bilden
eine gute Ergänzung zu den bereits genannten Wettbewerben.

Es folgen einige Hinweise auf Bücher und Zeitschriften, die für die Schüler von
Interesse sein könnten. In (Löh et al., 2019) und (Meier, 2003) werden mathematische Methoden vorgestellt und erläutert, aber auch das Lösen konkreter Aufgaben
kommt nicht zu kurz. Monoid ist eine Mathematikzeitschrift für Schülerinnen und
Schüler (Institut für Mathematik der Johannes-Gutenberg Universität Mainz, 1981–
2023), die neben verschiedenen Aufgaben zum Selbstlösen (für die Klassenstufen
5–8 und 9–13) schülergerechte Aufsätze zu mathematischen Themen bietet. Oberstufenschüler finden in der „Die Wurzel – Zeitschrift für Mathematik" (Wurzel –
Verein zur Förderung der Mathematik an Schulen und Universitäten e. V., 1967–
2023) ebenfalls interessante Artikel; vgl. hierzu auch (Blinne et al., 2017) .

Die Literaturliste enthält verschiedene Bücher, die einen Übergang von der
Schule zum MINT-Studium an der Universität unterstützen; vgl. z. B. Bartholomé
et al. (2010), Bauer (2013) und Hilgert et al. (2021). Einige Bücher im Literaturverzeichnis behandeln Universitätsstoff des ersten Semesters. Diese Bücher sind auch
für MINT-Studenten geeignet.

Es entspricht unserer Erfahrung, dass Schulen, die ihre Schüler durch AGs oder
andere Initiativen fördern, bei überregionalen Mathematik-Wettbewerben ab der
Mittelstufe mit verhältnismäßig vielen Teilnehmern vertreten sind. Als ehemaligen
Stipendiaten der Studienstiftung des deutschen Volkes liegt uns Begabtenförderung
besonders am Herzen. Wir möchten mit unseren *essential*-Bänden die Begabtenförderung unterstützen, Freude und Begeisterung an der Mathematik wecken und
fördern und den Blick für die Schönheit und Bedeutung der Mathematik öffnen.

1.2 Didaktische Anmerkungen

Teil I dieses *essentials* bilden sechs Aufgabenkapitel, in denen die beiden Protagonisten Anna und Bernd, jetzt selbst MaRT-Mentorin bzw. MaRT-Mentor, die
Schüler unterrichten. Dies geschieht in Erzählform, normalerweise im Dialog mit
den Schülern und natürlich durch die gestellten Übungsaufgaben.

Teil II besteht aus den sechs Kapiteln mit vollständigen Musterlösungen der Aufgaben aus Teil I mit didaktischen Hinweisen und Anregungen für eine Umsetzung in
einer Begabten-AG, einem Lernzirkel oder für eine individuelle Förderung. Haupt-
sächlich sind die Musterlösungen für den Kursleiter etc. vorgesehen, jedoch dürften
auch leistungsstarke Oberstufenschüler in der Lage sein, die Musterlösungen selbstständig zu nutzen und damit zumindest einzelne Teile des *essentials* eigenständig

zu erarbeiten. Am Ende der Musterlösungskapitel findet der Leser in den Abschnitten „Mathematische Ziele und Ausblicke" weitere Hintergrundinformationen und Hinweise auf Anwendungsgebiete der gerade erlernten mathematischen Techniken.

An dieser Stelle sei nochmals darauf hingewiesen, dass selbst von sehr leistungsstarken Schülern keineswegs erwartet wird, dass sie alle Aufgaben selbstständig lösen können. Dies sollte auf jeden Fall den Schülern von Anfang an klar kommuniziert werden. So benötigen auch die Schüler von Anna und Bernd gelegentlich einen Lösungshinweis. Schwierige Aufgaben können beispielsweise auch gut in kleinen Gruppen bearbeitet werden. Dies erhöht einerseits die Teamfähigkeit und bereitet die Schüler auf das Studium vor, wo sich auch häufig Studierende zu Lerngruppen zusammenfinden. Beim Lösen der Aufgaben sollte die Leistungsfähigkeit potentieller AG-Teilnehmer realistisch eingeschätzt werden, da eine dauerhafte Überforderung kontraproduktiv für das gewünschte Ziel ist.

Der Schwierigkeitsgrad und das Anspruchsniveau der Aufgaben innerhalb eines Kapitels steigen normalerweise an. Die Schüler sollten dabei versuchen, die einzelnen Aufgaben möglichst eigenständig (gegebenenfalls mit Hilfestellung) zu lösen. Damit legen sie ihr eigenes Lerntempo individuell fest und werden nicht so leicht überfordert. Ein individuelles Fortschreiten durch die Aufgaben ist insbesondere in diesem *essential* sowie Band VII mehr als in den Vorgängerbänden wichtig, da bestimmte mathematische Techniken als bekannt (und bei den Schülern als präsent) vorausgesetzt werden. So kann es sein, dass gegebenenfalls einige Schüler diese erst einmal (mit Unterstützung des Kursleiters) nacharbeiten. Ein Wiederholen bzw. kurzes Einführen der erforderlichen Grundlagen anhand einfacher Übungsaufgaben durch den Kursleiter kann hilfreich sein. Es liegt im Ermessen des Kursleiters, Aufgaben wegzulassen, eigene Aufgaben hinzuzufügen und Aufgaben individuell zuzuweisen. Der Schwierigkeitsgrad kann somit in einem gewissen Umfang durch den Kursleiter beeinflusst und der Leistungsfähigkeit seiner Kursteilnehmer angepasst werden. Das Erfassen und Verstehen der Lösungen durch die Schüler sollte auf jeden Fall vorrangig gegenüber dem Lösen sämtlicher Aufgaben im Kurs sein.

Der Kursleiter sollte die Schüler auch beim Verfolgen alternativer Lösungsansätze unterstützen, die nicht in den Musterlösungen erklärt werden, da für viele mathematische Probleme verschiedenartige Lösungswege existieren. Die Schüler sollten ermutigt werden, eigene Ideen auszuprobieren. So können in der Mathematik auch erfolglose Lösungsansätze hilfreiche Erkenntnisse liefern, wenn sie beispielsweise zu einem tieferen Verständnis der Problemstellung führen.

Die einzelnen Kapitel dürften in der Regel zwei oder drei Kurstreffen erfordern. Jeder Schüler sollte regelmäßig die Gelegenheit erhalten, seine Lösungsansätze bzw. seine Lösungen vor den anderen Teilnehmern zu präsentieren. Auf diese Weise wird die eigene Lösungsstrategie erneut reflektiert. Des Weiteren werden aber auch wichtige Kompetenzen wie eine klare Darstellung der eigenen Überlegungen und mathematisches Argumentieren und Beweisen geübt. Ebenso kann das nachvollziehbare schriftliche Darstellen einer Lösung geübt werden. Diese Kompetenz ist unter anderem auch in vielen MINT-Studiengängen von großer Bedeutung. Eine erste Beschreibung kann im zweiten Schritt (gemeinsam) sorgfältig durchgegangen, präzisiert und gestrafft werden, bis nur noch die relevanten Schritte in der richtigen Reihenfolge nachvollziehbar beschrieben werden. In Mathematikwettbewerben wie z. B. dem Bundeswettbewerb Mathematik wird die Fähigkeit erwartet, die eigenen Lösungswege nachvollziehbar, klar strukturiert und lückenlos darstellen zu können. Dies fällt erfahrungsgemäß vielen Schülern, aber auch Studierenden am Anfang des Studiums schwer.

1.3   Der Erzählrahmen

In den ‚Club der begeisterten jungen Mathematikerinnen und Mathematiker', oder kurz CBJMM, darf man laut Clubsatzung erst eintreten, wenn man mindestens die fünfte Klasse besucht. Nur einmal wurde eine Ausnahme gemacht, als Anna und Bernd aufgenommen wurden, obwohl sie damals erst in der dritten Klasse waren. Allerdings mussten sie zunächst eine Aufnahmeprüfung bestehen. In den Mathematischen Geschichten I und II (Schindler-Tschirner & Schindler, 2019a, b) haben sie dem Clubmaskottchen des CBJMM, dem Zauberlehrling Clemens, in zwölf Kapiteln geholfen, mathematische Abenteuer zu bestehen, um an begehrte Zauberutensilien zu gelangen.

Innerhalb des CBJMM gibt es eine „Mathematische Rettungstruppe", kurz MaRT, die Aufträge übernimmt, um Hilfesuchenden bei wichtigen und schwierigen mathematischen Problemen zu helfen. In die MaRT werden nur besonders gute und erfahrene Mitglieder des CBJMM aufgenommen, was aber eigentlich erst ab Klasse sieben möglich ist. Anna und Bernd wurden ausnahmsweise in die MaRT aufgenommen, als sie die fünfte Klasse besuchten. Dazu mussten sie in den Mathematischen Geschichten III und IV (Schindler-Tschirner & Schindler, 2021a, b) erneut eine Aufnahmeprüfung bestehen. In den einzelnen Kapiteln gaben verschiedene Mentorinnen und Mentoren Anleitung und Hilfestellungen. Mentorinnen und Mentoren sind erfahrene Mitglieder der MaRT.

Nachdem Anna und Bernd mehrere Jahre in der MaRT waren, haben sie sich in den Mathematischen Geschichten V und VI (Schindler-Tschirner & Schindler, 2022a, b) als MaRT-Mentorin bzw. MaRT-Mentor qualifiziert, indem sie in zwölf Kapiteln weitere neue mathematische Techniken erlernt und schwierige Aufgaben gelöst haben. Die Aufnahmeprüfung hatten der Clubvorsitzende des CBJMM, Carl Friedrich, und die stellvertretende Clubvorsitzende Emmy selbst geleitet.

Wie bereits im Vorgängerband VII sind Anna und Bernd selbst als Mentorin bzw. als Mentor der MaRT tätig und bereiten vier Mitglieder des MaRT, Inez, Norma, Steven und Volker, auf einen Oberstufen-Mathematikwettbewerb vor, bei dem sie gegen Mitglieder anderer Matheclubs antreten. Die Mathematischen Geschichten VII (Schindler-Tschirner & Schindler, 2023) beschreiben in sechs Aufgabenkapiteln die erste Hälfte der Wettbewerbsvorbereitungen. In diesem *essential* bringen Anna und Bernd die Wettbewerbsvorbereitungen zu Ende.

Es folgen sechs Kapitel mit Aufgaben, in denen neue mathematische Begriffe und Techniken eingeführt werden. Da es ihr erster Kurs als MaRT-Mentorin bzw. MaRT-Mentor ist, haben Anna und Bernd vereinbart, sich im Anschluss an die einzelnen Treffen in der Schul-Cafeteria über ihre Erfahrungen auszutauschen. Jedes Kapitel enthält einem Abschnitt „Anna und Bernd", der Kernpunkte anspricht.

Mit einer kurzen Zusammenfassung, was die Schüler in diesem Kapitel gelernt haben, tritt dieser Abschnitt am Ende aus dem Erzählrahmen heraus. Diese Beschreibung erfolgt nicht in Fachtermini wie in Tab. II.1, sondern in schülergerechter Sprache.

Durchschnitt 2

„Heute beginnt die zweite Hälfte unserer gemeinsamen Wettbewerbsvorbereitungen", stimmt Bernd die Schüler auf das Treffen ein.

Alter MaRT-Fall Vor dem Einschlafen schmökert Leonhard gerne in alten Büchern. Neulich las er eine Geschichte über ein Pistolenduell im 18. Jahrhundert. Ein Kontrahent durfte beginnen, und danach wurde abwechselnd geschossen, bis ein (nicht notwendigerweise tödlicher) Treffer geglückt war. Beim Einschlafen dachte Leonhard noch, dass das ungerecht war, weil der erste Schütze doch im Vorteil sei. Aber was, wenn der zweite Schütze treffsicherer war? Wie wäre es z. B., wenn beim ersten Schützen jeder Schuss nur mit der Wahrscheinlichkeit $p_1 = 0,3$ trifft? Mit welcher Wahrscheinlichkeit p_2 muss der zweite Schütze (pro Schuss) treffen, damit beide das Duell mit der Wahrscheinlichkeit $\frac{1}{2}$ gewinnen?

„Zunächst möchte ich euch an ein paar Definitionen erinnern, die wir heute und bei den kommenden Treffen benötigen werden", leitet Bernd den Nachmittag ein.

Definition 2.1 Es bezeichnet $\mathbb{N} = \{1, 2, 3, \ldots\}$ die Menge der *natürlichen Zahlen,* und es ist $\mathbb{N}_0 = \{0, 1, 2, \ldots\}$, also $\mathbb{N}_0 = \mathbb{N} \cup \{0\}$. Wie üblich, bezeichnen Z die Menge der *ganzen Zahlen* und $\mathbb{R}$ die Menge der *reellen Zahlen*. Ist M eine Menge, ist $\mathscr{P}(M)$ die *Potenzmenge* von M. Für eine endliche Menge M gibt $|M|$ deren *Mächtigkeit* an, d. h. die Anzahl ihrer Elemente.

„Mit Zufallsvariablen kann man Zufallsexperimente beschreiben, etwa den Wurf eines Würfels oder einer Münze. Allerdings braucht man kein Zufallsexperiment, um Zufallsvariablen zu definieren", erklärt Bernd. Heute konzentrieren wir uns auf *diskrete* Zufallsvariablen. Das sind Zufallsvariablen, die Werte in abzählbaren Mengen annehmen. Diese umfassen endliche und abzählbar unendliche Mengen. Ich will auf den Begriff ‚abzählbar unendlich‘ nicht näher eingehen. Für uns wichtige Beispiele von abzählbar unendlichen Mengen sind $\mathbb{N}$, $\mathbb{Z}$ und $\mathbb{Z} \times \mathbb{Z}$ sowie unendliche Teilmengen hiervon. Die reellen Zahlen sind übrigens nicht abzählbar, sondern überabzählbar.“

Definition 2.2 Es sei Ω ein nichtleerer abzählbarer *Ergebnisraum* (z. B. die Wertemenge eines Zufallsexperiments). Die Elemente von Ω heißen *Ergebnisse,* und die Teilmengen von Ω bezeichnet man als *Ereignisse.* Für ein Ereignis E nennt man $E^c = \Omega \setminus E$ das *Gegenereignis* (auch: *Komplementärereignis*) von E. Ferner bezeichnet $\mathrm{P}(\{\omega\})$ die *Wahrscheinlichkeit,* dass das Ergebnis $\omega \in \Omega$ angenommen wird und $\mathrm{P}(E)$ die Wahrscheinlichkeit, dass ein Ergebnis aus E angenommen wird.

„Es ist $\mathrm{P}(E) = \sum_{\omega \in E} \mathrm{P}(\{\omega\})$ und insbesondere $\mathrm{P}(\Omega) = 1$“, fährt Bernd fort. „Man nennt P ein *Wahrscheinlichkeitsmaß* oder *Wahrscheinlichkeitsverteilung* auf Ω (bzw. auf $\mathscr{P}(\Omega)$). Das Tripel $(\Omega, \mathscr{P}(\Omega), \mathrm{P})$ heißt *Wahrscheinlichkeitsraum.*“

Definition 2.3 Gegeben sei ein Wahrscheinlichkeitsraum $(\Omega, \mathscr{P}(\Omega), \mathrm{P})$ mit abzählbarem Ergebnisraum Ω. Eine *Zufallsvariable* X ist eine Abbildung $X \colon \Omega \to \mathbb{R}$. Einen Wert, den eine Zufallsvariable X annimmt, bezeichnet man als *Realisierung* von X. Ferner bezeichnen $B(1, p)$ die Bernoulli-Verteilung mit Parameter p und $B(n, p)$ die Binomialverteilung mit den Parametern n und p.

„Die Verteilung P_X einer Zufallsvariablen X, das sogenannte *Bildmaß,* ergibt sich aus dem Wahrscheinlichkeitsmaß P“, erklärt Bernd. „Es ist $\mathrm{P}_X(x) = \mathrm{P}(\{\omega \in \Omega \mid X(\omega) = x\})$. Häufig schreibt man auch kurz $\mathrm{P}(X = x)$ anstelle von $\mathrm{P}_X(x)$.“ „Ist das Tripel $(\Omega', \mathscr{P}(\Omega'), \mathrm{P}_X)$ mit $\Omega' = X(\Omega)$ nicht auch ein Wahrscheinlichkeitsraum?“, stellt Steven fragend fest. „Sehr gute Beobachtung! Aber jetzt seid ihr dran.“

a) Hendrik wirft drei Mal hintereinander einen fairen Würfel. Beschreibe das Zufallsexperiment durch einen Wahrscheinlichkeitsraum und definiere eine Zufallsvariable X, die die Augensumme der drei Würfe beschreibt. Wie groß ist die Wahrscheinlichkeit, dass diese Zufallsvariable den Wert 6 annimmt?

b) (Fortsetzung von a)) Definiere eine weitere Zufallsvariable Y über demselben Wahrscheinlichkeitsraum, die das Maximum der drei Augenzahlen beschreibt. Wie groß ist die Wahrscheinlichkeit, dass das Maximum 5 ist. Sind die beiden Zufallsvariablen unabhängig?

c) In einer Lostrommel befinden sich 64 Kugeln mit den Zahlen 0 bis 63. Wie groß ist die Wahrscheinlichkeit, eine Kugel zu ziehen, deren Binärdarstellung genau 4 Einsen enthält?

d) Wie groß ist die Wahrscheinlichkeit, dass keiner von 6 Würfen größer als 4 ist?

e) Beim beliebten Gesellschaftsspiel „Mensch ärgere dich nicht!" benötigt man eine 6, um mit einer Figur das Spielfeld zu betreten. Wie groß ist die Wahrscheinlichkeit, in den ersten drei Würfen mindestens eine 6 zu würfeln?

Bernd schreibt die Definition der geometrischen Verteilung an das Whiteboard.

geometrische Verteilung: Es bezeichne $T_1, T_2, \ldots$ ein Folge unabhängiger und identisch $B(1, p)$-verteilter Zufallsvariablen ($p \in (0,1)$). Die Zufallsvariable X gibt den kleinsten Index j an, für den $X_j = 1$ ist. Dann ist die Zufallsvariable X *geometrisch verteilt* mit dem Parameter p (oder kurz: $G(p)$-verteilt). Es ist

$$P(X = k) = p(1 - p)^{k-1} \quad \text{für } k \in \mathbb{N} \tag{2.1}$$

f) Amber wirft einen Würfel so lange, bis sie erstmals eine 3 würfelt. Wie groß ist die Wahrscheinlichkeit, dass sie im k-ten Wurf die erste 3 würfelt? Angenommen, die ersten 10 Würfe waren ungleich 3. Wie groß ist die Wahrscheinlichkeit, dass der $(10 + k)$-te Wurf die erste 3 liefert?

Definition 2.4 Es sei X eine diskrete Zufallsvariable mit dem Ergebnisraum $\Omega' = \{X(\omega) \mid \omega \in \Omega\} \subseteq \mathbb{R}$. Die Zufallsvariable X besitzt einen *Erwartungswert*, falls $\sum_{x \in \Omega} |x| P(X = x) < \infty$ ist. Dann gilt

$$E(X) = \sum_{x \in \Omega} x P(X = x) \quad \text{(Erwartungswert von } X) \tag{2.2}$$

„Der Erwartungswert ist linear", fährt Bernd fort. „Besitzen die Zufallsvariablen $X_1, \ldots, X_n$ Erwartungswerte, gilt die Rechenregel (2.3). Die Zufallsvariablen müssen nicht unabhängig sein."

$$E(a_1 X_1 + \cdots + a_n X_n) = a_1 E(X_1) + \cdots + a_n E(X_n) \quad \text{für } a_1, \ldots, a_n \in \mathbb{R} \tag{2.3}$$

g) Es sei X eine $B(n, p)$-verteilte Zufallsvariable. Berechne $E(X)$.

h) Die Zufallsvariable X ist $G(p)$-verteilt. Berechne den Erwartungswert $E(X)$.

i) Gernot Glück spielt gerne Roulette. Er setzt in jedem Spiel auf die 13, seine Glückszahl. Wieviele Spiele benötigt er im Durchschnitt, um ein Mal zu gewinnen? Wieviele Spiele sind notwendig, damit er mit einer Wahrscheinlichkeit von $\geq 0,99$ mindestens einmal gewinnt? (Auftreten können die Zahlen 0 bis 36.)

j) Frieda sammelt Freeclimber-Sticker. Die Sticker werden in 1er-Packungen verkauft, bei denen man von außen nicht feststellen kann, welcher Sticker in der Packung enthalten ist. Wie viele Sticker muss man im Durchschnitt kaufen, um alle $(= n)$ Stickermotive zu bekommen, wenn alle Stickermotive gleich häufig verkauft werden?

k) Zeige: Für großes n gilt $E(S) \approx n \cdot \ln(n)$.

„Die Formel (2.3) ist ja sehr nützlich", stellt Norma fest, „aber ich habe noch nie Zufallsvariablen gesehen, die keinen Erwartungswert besitzen." „Die sind schon ungewöhnlich", erwidert Bernd und schreibt lächelnd ein berühmtes Resultat von Leonhard Euler[1] aus dem Jahr 1735 an das Whiteboard. „Das hilft euch bei der nächsten Aufgabe."

$$\sum_{k=1}^{\infty} \frac{1}{k^2} = \frac{\pi^2}{6} \tag{2.4}$$

l) Gib eine Zufallsvariable an, die keinen Erwartungswert besitzt.

„Ich finde die zweite Lösung besonders überraschend, weil die Wahrscheinlichkeitsverteilung symmetrisch zur 0 ist.", meint Inez. „Wir sind fast fertig. Jetzt ist nur noch der alte MaRT-Fall dran", motiviert Bernd.

m) Löse den alten MaRT-Fall.

Anna und Bernd

„Wie ist es heute gelaufen, Bernd?" „Recht gut, Anna. Alle wussten intuitiv, wie man mit Zufallsvariablen rechnet, aber den formalen Zugang über Wahrscheinlichkeitsräume kannte nur Steven."

Was ich in diesem Kapitel gelernt habe

- Ich habe die geometrische Verteilung kennengelernt und mit ihr gerechnet.
- Ich habe besser verstanden, was ein Erwartungswert ist, und ich habe mit Erwartungswerten gerechnet.

---

[1] Leonard Euler (1707–1783) war ein schweizer Mathematiker, Physiker und Ingenieur.

Spielen macht Spaß!

3

Heute verspätet sich Anna ein wenig. „Ich bin sehr gespannt, was wir heute lernen", bemerkt Steven erwartungsfroh.

Alter MaRT-Fall Giulia sieht ihren jüngeren Brüdern Antonio und Mario zu, wie sie Zwei-Finger-Morra spielen. Dabei halten beide Spieler gleichzeitig einen oder zwei Finger nach oben. Beträgt die Summe der Finger zwei oder vier, erhält Mario von Antonio zwei bzw. vier Spielsteine. Ist die Summe der Finger drei, erhält Antonio von Mario drei Spielsteine. Giulia fragt sich, ob das Spiel fair ist oder ob sich einer der beiden durch eine geeignete Strategie einen Vorteil verschaffen kann.

„Die beiden ersten Aufgaben knüpfen an unser letztes Treffen an", erklärt Anna.

a) Auch im CBJMM wird in der Weihnachtszeit gewichtelt. Hierfür bringt jedes Mitglied ein kleines Weihnachtsgeschenk mit, das dann unter allen Anwesenden verlost wird. Wie groß ist die Wahrscheinlichkeit, dass mindestens ein Mitglied sein eigenes Geschenk bekommt, wenn n Mitglieder anwesend sind? Berechne die Wahrscheinlichkeiten für $n = 7$ und $n = 20$.

b) Wieviele CBJMM-Mitglieder erhalten im Durchschnitt ihr eigenes Geschenk?

„Das heutige Treffen steht im Zeichen von Spielen", erklärt Anna und beantwortet damit die Frage, die Steven vor dem Treffen aufgeworfen hat. „Wie beim letzten Mal könnt ihr wieder annehmen, dass die Würfel fair sind, d. h. dass jede Augenzahl mit derselben Wahrscheinlichkeit auftritt."

c) Albert schlägt Bertram das folgende Spiel vor: Ich würfele mit 3 Würfeln und du nur mit 2 Würfeln. Ist das Maximum meiner drei Augenzahlen größer als

S. Schindler-Tschirner und W. Schindler, *Mathematische Geschichten VIII – Stochastik, trigonometrische Funktionen und Beweise*, essentials, https://doi.org/10.1007/978-3-662-68360-6_3

das Maximum deiner beiden Augenzahlen, bekomme ich von dir einen Euro. Andernfalls gebe ich Dir einen Euro. Mit welcher Wahrscheinlichkeit gewinnt Albert? Gib Alberts erwarteten Gewinn an.

d) (Fortsetzung von c)) Für wen ist das Spiel günstig? Ändere die Höhe von Bertrams Auszahlung, damit das Spiel fair wird.

„Bei den Aufgaben c)–d) und bei mehreren Aufgaben in Kap. 2 ergab sich der Zufallseinfluss durch das Werfen von Würfeln oder einer Roulettekugel, während die Spieler selbst keinen Einfluss hatten. Jetzt betrachten wir Spiele, bei denen die Spieler durch die Wahl guter oder weniger guter Strategien den Ausgang des Spiels beeinflussen können", führt Anna aus.

Definition 3.1 Ein *2-Personen-Spiel* Γ in Normalform wird durch ein 4-Tupel (S_1, S_2, a_1, a_2) beschrieben. Dabei enthalten S_1 und S_2 die *Strategien,* die Spieler 1 bzw. Spieler 2 zur Verfügung stehen. Weiterhin bezeichnen $a_1, a_2 : S_1 \times S_2 \to \mathbb{R}$ die *Auszahlungsfunktionen* der beiden Spieler, und zwar gibt $a_i(x, y)$ die Auszahlung an Spieler i an ($i \in \{1, 2\}$), wenn Spieler 1 die Strategie $x \in S_1$ und Spieler 2 die Strategie $y \in S_2$ wählt. Sind S_1 und S_2 endlich, nennt man das Spiel *endlich.* Ist $a_2 = -a_1$ (d. h. $a_2(x, y) = -a_1(x, y)$ für alle $(x, y) \in S_1 \times S_2$), spricht man von einem *2-Personen-Nullsummenspiel.* 2-Personen-Nullsummenspiele beschreiben wir im Folgenden in der Form $\Gamma = (S_1, S_2, a)$ mit $a = a_1$.

„Übrigens gibt es n-Personenspiele für beliebige Spieleranzahlen n", erklärt Anna. „Wir beschränken uns aber auf 2-Personen-Nullsummenspiele. Dort entspricht der Gewinn des einen Spielers dem Verlust des anderen. Daher genügt es, die Auszahlungsfunktion $a(\cdot, \cdot)$ von Spieler 1 zu analysieren", fährt Anna fort. „Zuerst müsst ihr mit den neuen Definitionen vertraut werden."

e) Beschreibe das Stein-Schere-Papier-Spiel als endliches 2-Personen-Nullsummenspiel in Normalform. Ein Gewinn bringt einem Spieler eine (Wert-)Einheit ein.

f) Zwei Spieler dürfen verdeckt eine Zahl aus $\{1, \ldots, n\}$ auswählen. Wer die höhere Zahl ausgewählt hat, gewinnt eine Einheit. Bei Gleichstand erhält kein Spieler etwas. Beschreibe das 2-Personen-Nullsummenspiel in Normalform.

g) Löse Aufgabe f) für den Fall, dass beide Spieler eine (beliebige) natürliche Zahl wählen können.

Norma ist sichtbar unzufrieden: „Das ist ja alles ganz nett, aber auch nicht besonders aufregend", klagt sie. „Noch ein bisschen Geduld!", mahnt Anna. „Normalerweise ist es nicht ratsam, z. B. beim Stein-Schere-Papier-Spiel immer dieselbe Strategie zu spielen, beispielsweise immer Papier. Vielmehr sollte man variieren."

Definition 3.2 Es bezeichne $\Gamma = (S_1, S_2, a)$ ein endliches 2-Personen-Nullsummenspiel. Dann ist $\mathscr{W}_{(S_i)} = \{\pi \mid \pi \text{ ist Wahrscheinlichkeitsmaß auf } \mathscr{P}(S_i)\}$, und $\Gamma_m = (\mathscr{W}_{(S_1)}, \mathscr{W}_{(S_2)}, A)$ ist die *gemischte Erweiterung* von Γ. Strategien in S_i heißen *reine* Strategien, Strategien in $\mathscr{W}_{(S_i)}$ nennt man *gemischte* Strategien ($i = 1, 2$). Die gemischte Erweiterung Γ_m besitzt die Auszahlungsfunktion $A \colon \mathscr{W}_{(S_1)} \times \mathscr{W}_{(S_2)} \to \mathbb{R}$

$$A(\pi_1, \pi_2) = \sum_{x \in S_1} \sum_{y \in S_2} \pi(x)\pi(y)a(x, y) \tag{3.1}$$

„Entscheidet sich Spieler i für die gemischte Strategie π_i, wählt er eine Strategie $s_i \in S_i$ gemäß π_i aus. Übrigens gibt es auch gemischte Erweiterungen über nicht-endlichen Spielen, aber die betrachten wir nicht", erklärt Anna.

h) Definiere $a \colon S_1 \times S_2 \to \mathbb{R}$ als Zufallsvariable über einem geeignet gewählten Wahrscheinlichkeitsraum (für die gemischten Strategie π_1 und π_2) und berechne den Erwartungswert.

„Die Definition (3.1) ist ja total intuitiv", stellt Steven fest. „Wenn die Spieler das Spiel Γ häufig spielen und sich dabei für die gemischten Strategien π_1 und π_2 entscheiden, beträgt die durchschnittliche Auszahlung für Spieler 1 pro Spiel $A(\pi_1, \pi_2)$", ergänzt Norma.

i) Oliver spielt gegen Selena Stein-Schere-Papier. Eine „sichere Quelle" hat ihm verraten, dass Selena (Spieler 2) die gemischte Strategie $\rho' = (\rho'('st'), \rho'('sc'), \rho'('pa')) = (\frac{3}{5}, \frac{1}{5}, \frac{1}{5})$ spielen wird.
   (i) Welche Strategie π' sollte Oliver wählen?
   (ii) Welche Auswirkungen hat es, wenn die Information falsch war und Selena sich stattdessen für die Strategie $\rho'' = (\frac{1}{6}, \frac{1}{3}, \frac{1}{2})$ entscheidet?

Definition 3.3 Eine Menge $T \subseteq \mathbb{R}$ heißt *nach unten beschränkt* (*nach oben beschränkt*), falls ein $b \in \mathbb{R}$ existiert mit $b \leq t$ (mit $b \geq t$) für alle $t \in T$. Dann ist b eine *untere Schranke* (eine *obere Schranke*) von T. Ist T nach unten beschränkt, bezeichnet $\inf(T)$ (*Infimum* von T) die größte untere Schranke von T. Ist T nach oben beschränkt, bezeichnet $\sup(T)$ (*Supremum* von T) die kleinste obere Schranke.

„Es ist nicht ungefährlich, sich darauf zu verlassen, dass der Gegenspieler eine bestimmte Strategie spielt", mahnt Anna. „Stattdessen betrachtet man häufig den ‚worst case'. Wählt Spieler 1 die Strategie π, gilt für alle $\rho \in \mathscr{W}_{(S_2)}$ die Ungleichung $A(\pi, \rho) \geq \inf_{\rho' \in \mathscr{W}_{(S_2)}} A(\pi, \rho')$", motiviert Anna Definition 3.4.

Definition 3.4 Es sei $\Gamma = (S_1, S_2, a)$ ein Spiel mit endlichen Strategienmengen S_1 und S_2, und es bezeichnet Γ_m seine gemischte Erweiterung. Der *untere Spielwert* von Γ_m ist durch $W_*(\Gamma_m) = \sup_{\pi \in \mathcal{W}_{(S_1)}} (\inf_{\rho \in \mathcal{W}_{(S_2)}} (A(\pi, \rho)))$, der *obere Spielwert* von Γ_m ist durch $W^*(\Gamma_m) = \inf_{\rho \in \mathcal{W}_{(S_2)}} (\sup_{\pi \in \mathcal{W}_{(S_1)}} (A(\pi, \rho)))$ gegeben. Strategien, die Spieler 1 den unteren Spielwert garantieren und Strategien, die Spieler 2 den oberen Spielwert garantieren, nennt man *Minimax-Strategie*. Ist $W_*(\Gamma_m) = W^*(\Gamma_m)$, so heißt Γ_m definit, und $W(\Gamma_m) = W_*(\Gamma_m)$ ist der *Spielwert*.

Satz 3.1

(i) Es ist $W_*(\Gamma_m) \leq W^*(\Gamma_m)$.

(ii) (von Neumann[1]) Es sei $\Gamma_m = (\mathcal{W}_{(S_1)}, \mathcal{W}_{(S_2)}, A)$ die gemischte Erweiterung eines endlichen 2-Personen-Nullsummenspiels $\Gamma = (S_1, S_2, a)$. Dann ist Γ_m definit, und es existieren Minimax-Strategien.

Satz 3.1 findet man z. B. in (Rauhut et al., 1979), Satz (3.17)(i) u. Satz (3.25).

„Jetzt habt ihr alle Informationen, um auch die letzten Aufgaben zu lösen."

j) Bestimme (i) $\inf((0, 1])$, (ii) $\inf(\{3 + \frac{5}{n} \mid n \in \mathbb{N}\})$ und (iii) $\sup(\{3 + \frac{5}{n} \mid n \in \mathbb{N}\})$.

k) Bestimme den Spielwert $W(\Gamma_m)$ für das Stein-Schere-Papier-Spiel.

l) Analysiere den alten MaRT-Fall.

m) Untersuche Zwei-Finger-Morra mit der geänderten Auszahlungsfunktion: $a(1, 1) = -1, a(1, 2) = 2, a(2, 1) = 3$ und $a(2, 2) = -4$.

---

[1] John von Neumann (1903–1957) war ein ungarisch-US-amerikanischer Mathematiker, der viele wichtige Beiträge (u. a. in der Spieltheorie) geleistet hat.

Anna und Bernd

„Hat heute alles gut geklappt, Anna?" „Ja, aber unsere Schüler waren doch etwas enttäuscht, dass mathematische Spiele wenig mit „Spielen" im alltäglichen Sinn zu tun haben", schmunzelt Anna.

Was ich in diesem Kapitel gelernt habe

- Ich habe weiter mit Erwartungswerten gerechnet.
- Ich weiß jetzt, was ein 2-Personen-Nullsummenspiel ist.

Alles ganz logisch!

Anna begrüßt die Schüler und verrät das Thema des aktuellen Treffens: „Heute befassen wir uns mit Logik, genauer gesagt mit Aussagenlogik. Wir lernen, wie man aus Aussagen weitere Aussagen ableiten kann."

Alter MaRT-Fall Neulich hat Lea in einer Zeitschrift das folgende Logikrätsel gefunden. Sie fragt sich, wie man diese Aufgabe systematisch lösen kann: Roberta, Thomas, Stefan, Uwe und Viktoria gehören der Tennismannschaft ihrer Schule an. Am vergangenen Wochenende haben sie gegen eine andere Schulmannschaft gespielt, wobei jeder genau ein Match gespielt hat. Ihr Trainer, gleichzeitig auch ihr Mathematiklehrer, konnte nicht dabei sein und hat sich am Montag nach den Ergebnissen erkundigt. „Wir geben Ihnen die notwendigen Informationen gerne", erklärt ihm Thomas. „Allerdings müssen Sie sich ein wenig anstrengen, weil alle Aussagen falsch sind."

- [A] Wenn Stefan gewonnen hat, dann auch Uwe und Viktoria.
- [B] Es haben Roberta, Uwe oder beide gewonnen.
- [C] Wenn Thomas gewonnen hat, dann auch Uwe.
- [D] Wenn Viktoria gewonnen hat, dann auch Roberta.

„Beispiele für Aussagen sind zum Beispiel ‚5 ist eine ungerade Zahl' und ‚Der Mond ist grün' ", erklärt Anna. „Aussagen können wahr oder falsch sein. Die erste Aussage ist offensichtlich wahr, die zweite ist natürlich falsch. Zunächst benötigen wir ein paar Definitionen."

© Der/die Autor(en), exklusiv lizenziert an Springer-Verlag GmbH, DE, ein Teil von Springer Nature 2023
S. Schindler-Tschirner und W. Schindler, *Mathematische Geschichten VIII – Stochastik, trigonometrische Funktionen und Beweise*, essentials,
https://doi.org/10.1007/978-3-662-68360-6_4

Definition 4.1 Eine Aussage A ist eine Zeichenfolge, die entweder wahr („1")
oder falsch („0") ist. Es ist $A \wedge B$ (Sprechweise: „A und B") genau dann wahr, falls
A und B wahr sind. Es ist $A \vee B$ (Sprechweise: „A oder B") genau dann wahr,
falls mindestens eine der Aussagen A und B wahr ist. Unter $\neg A$ (Sprechweise:
„nicht A") versteht man die Negation von A. Die Negation $\neg A$ ist genau dann
wahr, wenn A falsch ist. Die *Implikation* $A \implies B$ (Sprechweise: „A impliziert
B" oder „wenn A, dann B") ist genau dann wahr, wenn A und B wahr sind oder
wenn A falsch ist. Man bezeichnet A als *Prämisse*. Schließlich ist die *Äquivalenz*
$A \iff B$ (Sprechweise: „A genau dann, wenn B") genau dann richtig, wenn A
und B denselben Wahrheitswert haben.

„Bitte beachtet, dass Implikationen mit falscher Prämisse stets wahr sind. Daran
musste ich mich auch erst gewöhnen", erklärt Anna. „Verknüpfungen von Aussagen sind wieder Aussagen und haben daher selbst einen Wahrheitswert. Wie üblich,
binden Klammern am stärksten und danach kommt die Negation. Im Folgenden
interessieren wir uns weniger für konkrete Aussagen, sondern nur für deren Wahrheitswerte. Für die Wahrheitswerte der Verknüpfungen ist nur das relevant. Ich habe
euch ein paar Einstiegsaufgaben mitgebracht", fährt Anna fort.

a) Stelle die Wahrheitstafeln für (i) $(A \vee B) \wedge \neg B$, (ii) $(A \wedge B) \vee (\neg A \wedge \neg B)$ und
   (iii) $\neg(A \wedge B)$ auf.
b) Ist $(A \vee B) \wedge (A \vee C)$ wahr, wenn (i) die Aussagen A und C wahr, aber Aussage
   B falsch ist, (ii) die Aussagen A und B falsch, aber Aussage C wahr ist?
c) Beweise, dass $(A \implies B)$ und $(\neg A \vee B)$ für beliebige Aussagen A und B
   identische Wahrheitswerte besitzen.
d) Drücke $A \iff B$ in einer Formel aus, die nur $\neg$, $\vee$ und $\wedge$ enthält.

„Das ist ja interessant", stellt Volker fest. „Die Terme $(A \implies B)$ und $(\neg A \vee B)$
sehen unterschiedlich aus, sind aber irgendwie gleich." „Das stimmt", bestätigt
Anna. „Im folgenden bezeichnen wir Terme, die für alle möglichen Wahrheitswerte
von A und B identische Wahrheitswerte besitzen, als *äquivalent* und verwenden
das Kongruenzzeichen; wir schreiben beispielsweise $(A \implies B) \equiv (\neg A \vee B)$.
Das gleiche gilt entsprechend auch für Terme, die von mehr als zwei Aussagen
abhängen."
   „Ich finde Implikationen und Äquivalenzen viel intuitiver als die äquivalenten
Ausdrücke aus den Aufgaben c) und d)", bemerkt Steven. „Da stimme ich dir zu,
Steven. Aber wie ihr noch sehen werdet, ist es für Umformungen oft günstiger, die
äquivalenten Ausdrücke zu verwenden."

„Das ist ja alles interessant, aber wozu braucht man Aussagenlogik?", fragt Inez ungläubig. „Implikationen und Äquivalenzen kommen in der Mathematik häufig vor", erklärt Anna und schreibt eine lineare Gleichung an das Whiteboard:

$$2x + 4 = 3x + 1 \tag{4.1}$$

„Löse bitte diese Gleichung, Inez." Inez ist fast ein wenig beleidigt, weil die Aufgabe so einfach ist, aber sie ergänzt den Anschrieb am Whiteboard

$$2x + 4 = 3x + 1 \quad | -2x - 1 \tag{4.2}$$
$$x = 3 \tag{4.3}$$

„Wir nehmen an, dass L_1 und L_2 die Lösungsmengen der linearen Gleichungen (4.1) und (4.3) bezeichnen. Für $x_0 \in \mathbb{R}$ betrachten wir die Aussagen A: $x_0 \in L_1$ und B: $x_0 \in L_2$. Dann gilt $A \iff B$, nicht wahr?" „Ja klar, ich habe doch auf (4.1) eine Äquivalenzumformung angewandt", antwortet Inez sofort, und nach kurzem Zögern sagt sie: „Oh ja, Anna. Jetzt habe ich den Zusammenhang verstanden."

e) Löse die Wurzelgleichung $x + \sqrt{x + 6} = 6$ und versuche, Annas Überlegungen zu Gl. (4.1) zu übertragen.
f) Beweise die De Morganschen Regeln

$$\neg(A \wedge B) \equiv \neg A \vee \neg B \tag{4.4}$$
$$\neg(A \vee B) \equiv \neg A \wedge \neg B \tag{4.5}$$

g) Beweise die folgende Äquivalenz: $(A \implies B) \equiv (\neg B \implies \neg A)$.
h) Es sei $f : \mathbb{R} \to \mathbb{R}$ eine zwei Mal stetig differenzierbare Funktion. Bekanntlich git die folgende Implikation:

$$((f'(0) = 0), (f''(0) < 0)) \implies (f \text{ besitzt lokales Minimum in } x = 0) \tag{4.6}$$

Leite hieraus eine Implikation mit der Prämisse „f besitzt kein lokales Minimum in $x = 0$" her.
i) Vereinfache den Term $\neg(A \wedge B) \vee (A \vee C)$. Unter welchen Voraussetzungen ist die Aussage wahr?
j) Gib alle Wahrheitswerte für (A, B, C) an, für die $A \implies (B \implies C)$ falsch ist.

„Die nächsten Aufgaben sind wieder etwas formaler", stellt Anna fest.

k) Beweise das Distributivgesetz $(A \lor B) \land C \equiv (A \land C) \lor (B \land C)$.

l) Es seien A, B, C Aussagen. Gib eine Aussage an, die genau dann wahr ist, wenn A und B wahr und C falsch ist.

m) Für die Aussagen $A_1, \ldots, A_n$ gelten die Implikationen $A_1 \Longrightarrow A_2$, $A_2 \Longrightarrow A_3, \ldots A_n \Longrightarrow A_1$. Was bedeutet das für die Wahrheitswerte von $(A_1, \ldots, A_n)$?

„Der Sachverhalt aus Aufgabe m) ist sehr nützlich und wird häufig angewandt, um die Gleichwertigkeit von mehreren mathematischen Eigenschaften nachzuweisen", erklärt Anna. „Bislang haben wir ziemlich formal argumentiert. Zum Schluss werden wir Realweltprobleme durch formale Aussagen beschreiben und lösen."

n) Löse den alten MaRT-Fall.

o) Auf einer Insel gibt es zwei Arten von Bewohnern: Die einen sagen immer die Wahrheit, während die anderen immer lügen. Ein Logiker trifft drei Insulaner (A, B, C) und erhält die folgenden Informationen: A sagt: B lügt, aber nicht C. B sagt: A lügt. C sagt: A und B sagen die Wahrheit.
Wer hat die Wahrheit gesagt und wer hat gelogen?

Anna und Bernd
„Wie sind die Schüler mit der Aussagenlogik zurechtgekommen? Das war ja für alle ziemlich neu." „Die Schüler waren erstaunt, wo Schlussweisen aus der Aussagenlogik überall auftreten. Steven fand den alten MaRT-Fall cool, weil er da die erlernten Schlussweisen nutzbringend anwenden konnte."

Was ich in diesem Kapitel gelernt habe

• Ich habe Aussagenlogik kennengelernt und weiß jetzt, was Wahrheitstafeln, Implikationen und Äquivalenzen sind.
• Ich habe die De Morganschen Regeln bewiesen und selbst angewandt.
• Ich habe Realweltprobleme formalisiert und formal gelöst.

Ein Blick in die andere Ecke

„Das letzte Mal habt ihr euch gewünscht, dass wir trigonometrische Funktionen behandeln", eröffnet Bernd das heutige Treffen. „Das werden wir heute und beim nächsten Mal auch tun. Wir werden uns dabei auf Sinus und Cosinus beschränken."

Alter MaRT-Fall Gerd hat großes Interesse an Geometrie und Zahlentheorie. In einem Buch hat er folgende Aufgabe gefunden:
Gegeben sei ein Dreieck ABC mit den Seitenlängen $a = 3, b = \sqrt{5}$ und $c = \sqrt{7}$. Wie üblich, liegen die Innenwinkel α, β, γ den Dreiecksseiten a, b, c gegenüber. Bestimme alle ganzzahligen Lösungen (k, m, n) der linearen Gleichung

$$k \sin(\alpha) + m \sin(\beta) + n \sin(\gamma) = 0 \qquad (5.1)$$

Gerd hat schnell herausgefunden, dass $(k, m, n) = (0, 0, 0)$ die Gl. (5.1) löst. Ob es noch weitere ganzzahlige Lösungen gibt? Die Winkel sind ja unbekannt. Leider war im Buch keine Musterlösung enthalten. Weil ihm das Problem keine Ruhe ließ, kam Gerd nach einiger Zeit zur MaRT.

„Wir fangen mit geometrischen Anwendungen an. Zuerst brauchen wir ein paar Definitionen", erklärt Bernd.

Definition 5.1 Es seien A und B Punkte in der Ebene. Dann bezeichnen AB die Gerade, die durch A und B festgelegt wird, $\overline{AB}$ die Verbindungsstrecke von A und B und $|\overline{AB}|$ die Länge von $\overline{AB}$.

S. Schindler-Tschirner und W. Schindler, *Mathematische Geschichten VIII –
Stochastik, trigonometrische Funktionen und Beweise*, essentials,
https://doi.org/10.1007/978-3-662-68360-6_5

„In einem Dreieck ABC bezeichnen wir mit a, b, c die Längen der Seiten $\overline{BC}, \overline{CA}$ und $\overline{AB}$. Die Innenwinkel an A, B und C nennen wir α, β und γ", ergänzt Bernd.

a) Gegeben sei ein rechtwinkliges Dreieck ABC mit einem rechten Winkel an C; vgl. Abb. 5.1, linke Skizze.

   (i) Es sei $\alpha = 43°$, $c = 4$ cm. Berechne a und b.

   (ii) Es sei $a = 4$ cm, $b = 3$ cm. Berechne c, α und β.

b) Auf dem Einheitskreis liegen die Eckpunkte eines regelmäßigen 12-Ecks. Bestimme den Umfang U und den Flächeninhalt A des 12-Ecks.

„Kennt ihr den Sinussatz?". Allgemeines Kopfschütteln.

Satz 5.1 (Sinussatz) Gegeben sei ein Dreieck ABC mit Umkreis U und Umkreisradius R. Wie üblich bezeichnen α, β und γ die Innenwinkel an A, B und C, und die Seiten a, b, c liegen den Eckpunkten A, B, C gegenüber. Dann gilt der folgende Zusammenhang

$$\frac{a}{\sin\alpha} = \frac{b}{\sin\beta} = \frac{c}{\sin\gamma} = 2R \tag{5.2}$$

Der Sinussatz ist sehr nützlich und hat unterschiedliche Anwendungen. Wir werden Satz 5.1 anwenden, aber natürlich auch beweisen.

c) Gegeben sei ein Dreieck ABC, für das $\alpha = 63°$, $\beta = 49°$ und $a = 4$ cm gilt. Berechne den Umkreisradius R und die Fläche A von ABC.

d) Berechne für das Dreieck in Aufgabe c) den Inkreisradius r.

e) Die rechte Skizze von Abb. 5.1 zeigt ein Dreieck ABC. Dabei bezeichnet h_c die Höhe auf C.

   (i) Drücke h_c in β und a aus.

   (ii) Drücke h_c in α und b aus.

   (iii) In der rechten Skizze von Abb. 5.1 ist $\beta < 90°$ Gelten die Ergebnisse der Teilaufgaben (i) und (ii) auch für $\beta = 90°$ und $\beta > 90°$?

f) Beweise die beiden ersten Gleichheitszeichen von Satz 5.1 (d. h. in Gl. (5.2)).

„Das dritte Gleichheitszeichen in (5.2) ist schwieriger zu beweisen", bemerkt Bernd und zeichnet Fig. 5.2 an das Whiteboard. „Das Dreieck ABC besitzt den Umkreis U. Den Umkreisradius bezeichnen wir mit R. Wie ihr wisst, ist der Umkreismittelpunkt M der Schnittpunkt der Mittelsenkrechten. Der Punkt D ist der Schnittpunkt der Geraden AM mit U. Die Skizze soll euch bei der nächsten Aufgabe helfen.

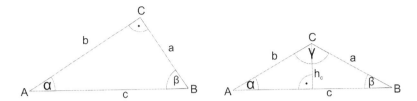

Abb. 5.1 links: rechtwinkliges Dreieck; rechts: Dreieck mit Höhe h_c

g) Beweise das letzte Gleichheitszeichen von Satz 5.1.
   Tipp: (i) Drücke die Seitenlänge $c = |\overline{AB}|$ in δ und R aus. (ii) Beweise: $\gamma = \delta$.

„Sind wir wirklich schon fertig?", fragt Norma kritisch. „Diese Skizze deckt den Fall ab, dass B und C auf unterschiedlichen Seiten der Gerade AD liegen. Es könnte B ja auf der Geraden AD liegen, oder B könnte auf derselben Seite liegen wie C." „Eine sehr gute Feststellung", lobt Bernd.

h) Beweise das letzte Gleichheitszeichen von Satz 5.1 für die von Norma angesprochenen Fälle.

„Jetzt ist der alte MaRT-Fall an der Reihe. Hier lernt ihr eine überraschende Anwendung des Sinussatzes kennen."

i) Löse den alten MaRT-Fall.
j) Gib ein Dreieck ABC an, für das Gl. (5.1) nichttriviale Lösungen $(k, m, n) \neq (0, 0, 0)$ besitzt.
k) Bestimme alle reellen Lösungen von Gl. (5.3).

$$\cos(3x) + \cos(7x) + \sin(\frac{x}{4}) = 3 \tag{5.3}$$

„Zum Abschluss habe euch zwei Integrale mitgebracht, die ihr lösen sollt."

l) Berechne $\int_0^{2\pi} \sin^2(x)\,dx$.
m) Berechne $\int_0^{2\pi} \sin^{2n}(x)\,dx$ für alle $n \in N$.

Anna und Bernd
„Den Beweis des Sinussatzes fanden unsere Schüler anfangs etwas langatmig. Aber sie waren vom alten MaRT-Fall beeindruckt, weil dort ein zahlentheoretisches Pro-

Abb. 5.2 Dreieck ABC mit
Umkreis U

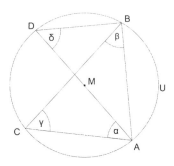

blem mit einem Werkzeug aus der Geometrie gelöst wurde. Beim Integrieren fühlten
sie sich wieder in vertrauter Umgebung", fasst Bernd den Nachmittag zusammen.

Was ich in diesem Kapitel gelernt habe

- Ich habe den Sinussatz angewandt und bewiesen.
- Der Sinussatz besitzt auch überraschende Anwendungen außerhalb der Geometrie.
- Ich habe Integrale gelöst, deren Integranden Potenzen der Sinusfunktion enthalten.

Ein Mal ins Komplexe und wieder zurück 6

„Heute machen wir mit den trigonometrischen Funktionen weiter. Obwohl Sinus und Cosinus reellwertige Funktionen sind, machen wir zunächst einen Ausflug in die Welt der komplexen Zahlen", skizziert Bernd den Verlauf des Nachmittags.

Alter MaRT-Fall Katharina ist von den trigonometrischen Funktionen fasziniert. Neulich hat sie in einem Mathematikbuch die Additionstheoreme

$$\cos(x + y) = \cos(x)\cos(y) - \sin(x)\sin(y) \tag{6.1}$$

$$\sin(x + y) = \sin(x)\cos(y) + \cos(x)\sin(y) \tag{6.2}$$

entdeckt. „Das sieht ja interessant aus", dachte Katharina und machte sich sofort daran, die Gleichungen zu beweisen. Allerdings blieben alle ihre Versuche erfolglos, und deswegen ist sie zur MaRT gekommen.

„Kennt ihr komplexe Zahlen?", fragt Bernd. Inez, Norma, Steven und Volker bestätigen dies durch Kopfnicken. „Dann können wir über die Basics ja schnell hinweggehen."

Definition 6.1 Es bezeichnet $\mathbb{C} = \{z = a + bi \mid a, b \in \mathbb{R}\}$ die Menge der komplexen Zahlen. Für die *imaginäre Einheit* i gilt $i^2 = -1$. Es ist a der *Realteil* der *komplexen Zahl* $z = a + bi$ (Schreibweise: Re(z)) und b der *Imaginärteil* von z (Schreibweise: Im(z)). Die zu $z = a + bi$ *konjugiert komplexe Zahl* ist $\overline{z} = a - bi$. Ferner bezeichnet $|z| = \sqrt{a^2 + b^2}$ den Betrag von $z = a + bi$.

© Der/die Autor(en), exklusiv lizenziert an Springer-Verlag GmbH, DE, ein Teil von   29
Springer Nature 2023
S. Schindler-Tschirner und W. Schindler, *Mathematische Geschichten VIII –*
Stochastik, trigonometrische Funktionen und Beweise, essentials,
https://doi.org/10.1007/978-3-662-68360-6_6

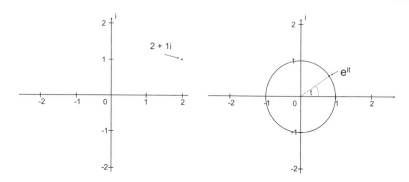

Abb. 6.1 links: komplexe Zahlenebene, rechts: Einheitskreis, Winkel t im Bogenmaß

„Könnt ihr mir helfen, am Whiteboard die Rechenregeln für komplexe Zahlen zu vervollständigen?" Norma macht sich auf den Weg zum Whiteboard und ergänzt die rechten Seiten.

$$(a + bi) + (c + di) = (a + c) + (b + d)i \tag{6.3}$$

$$(a + bi) - (c + di) = (a - c) + (b - d)i \tag{6.4}$$

$$(a + bi) \cdot (c + di) = ac + adi + bci + bdi^2 = (ac - bd) + (ad + bc)i \tag{6.5}$$

Bernd erklärt: „Die natürlichen, die ganzen, die rationalen und die reellen Zahlen kann man auf einer Geraden darstellen. Für die komplexen Zahlen braucht man eine Ebene (vgl. Abb. 6.1, linke Skizze)." „Für $b = 0$ ist $z = a + bi$ eine reelle Zahl, nicht wahr?", fragt Inez, und Bernd stimmt durch Kopfnicken zu. „Das ist ja interessant: Dann gilt die Inklusionskette $\mathbb{N} \subseteq \mathbb{N}_0 \subseteq \mathbb{Z} \subseteq \mathbb{Q} \subseteq \mathbb{R} \subseteq \mathbb{C}$", stellt Volker fest.

„Das ist völlig richtig, Volker. Allerdings sind die komplexen Zahlen den rationalen und den reellen Zahlen in bestimmter Hinsicht besonders ähnlich. Man kann komplexe Zahlen nicht nur addieren, subtrahieren und multiplizieren, sondern auch dividieren. Letzteres könnt ihr in den Aufgaben b) und c) selbst ausprobieren", erklärt Bernd.

a) Berechne i^{13} und $(1 + i)^2$.

b) (Division komplexer Zahlen) Stelle den Bruch $z = \frac{1}{a + bi}$ in der Form $z = c + di$ dar.

c) (Division komplexer Zahlen) Berechne $\frac{a + bi}{c + di}$.

d) Löse die quadratische Gleichung $z^2 - 4z + 8 = 0$ über den komplexen Zahlen.

e) Was bedeutet die Abbildung $\mathbb{C} \to \mathbb{C}$, $z \mapsto \bar{z}$ geometrisch?

f) Berechne $|4 - 3i|$ und $|7i|$.

g) Es seien $y, z \in \mathbb{C}$. Beweise: $|yz| = |y| \cdot |z|$

h) Beweise: (i) $|z|^2 = z\bar{z}$ und (ii) $|\mathrm{Re}(z)|, |\mathrm{Im}(z)| \le |z|$.

„Ihr erinnert euch doch sicher noch an die Exponentialfunktion, oder kurz e-Funktion, nicht wahr?" „Klar. Damit kann man exponentielles Wachstum beschreiben oder auch radioaktiven Zerfall. Die Exponentialverteilung hatten wir neulich im Unterricht behandelt, als wir uns mit Stochastik befasst haben", antwortet Steven. „Die Exponentialfunktion kann man auch auf komplexe Zahlen erweitern. Wir interessieren uns im Folgenden für die komplexe Exponentialfunktion auf der Imaginärachse. Das sind die komplexen Zahlen, deren Realteil 0 ist", erklärt Bernd. „Was hat das denn mit trigonometrischen Funktionen zu tun?", fragt Volker ungläubig. „Das werdet ihr gleich verstehen. Es ist nämlich"

$$e^{it} = \cos(t) + i \sin(t) \quad \text{für } t \in \mathbb{R} \tag{6.6}$$

„Es entspricht t dem Winkel zwischen der positiven reellen Achse und $z = e^{it}$ im Bogenmaß", beendet Bernd seine Erklärungen (vgl. Abb. 6.1, rechte Skizze)

i) Berechne den Betrag von e^{it}. Beschreibe die Menge $\{e^{it} \mid t \in \mathbb{R}\}$.

„Übrigens gilt für die komplexe e-Funktion dieselbe Funktionalgleichung wie für die reelle e-Funktion. Es ist nämlich $e^{i(x+y)} = e^{ix}e^{iy}$. Dies ist für den alten MaRT-Fall wichtig. Aber zuerst kommen ein paar einfache Rechenübungen."

j) Wandle die komplexen Zahlen $e^{(\pi/2)i}$ und $e^{3\pi i}$ in die Form $a + bi$ um.

k) Rechne geschickt: $e^{2i} \cdot e^{(\pi+2)i} \cdot e^{(-4+\pi)i}$.

l) Löse den alten MaRT-Fall.

m) Vereinfache die Additionstheoreme (6.1) und (6.2) für den Spezialfall $x = y$.

n) In Kap. 5, Aufgabe b) wurde die Fläche A eines regelmäßigen 12-Ecks berechnet, dessen Ecken auf einem Einheitskreis liegen. Das Ergebnis betrug $A = 3$. Ist der Zahlenwert exakt, oder beinhaltet er einen Rundungsfehler? Hinweis: $\sin(30°) = 0,5$.

„Bei der komplexen e-Funktion wird der Winkel im Bogenmaß angegeben. Gelten die Additionstheoreme auch für Winkelangaben in Grad?", fragt Norma besorgt. Nach kurzem Nachdenken kann Inez sie beruhigen: „Doch, die Additionstheoreme gelten auch für Winkelangaben in Grad. Die Umrechnung von Grad in Bogenmaß ist linear. Multipliziert man einen Winkel im Gradmaß mit $\frac{2\pi}{360}$, erhält man den Winkel im Bogenmaß."

o) Berechne $\sin(15°)$.
p) Berechne den folgenden Grenzwert

$$\lim_{n\to\infty} \frac{1}{n} \sum_{k=0}^{n-1} \cos(k) \qquad (6.7)$$

q) Formuliere Additionstheoreme für $\cos(3x)$ und $\sin(3x)$.
r) Beweise: $\sin(x + y) + \sin(x - y) = 2\sin(x)\cos(y)$.

Anna und Bernd
Die Zeit, um ,Basics' der komplexen Zahlen zu behandeln, war gut angewandt. Einiges war für die Gruppe neu, anderes kannten sie schon, aber zum Teil war das Wissen schon etwas eingerostet." „Wir hatten ja letzte Woche noch darüber diskutiert, ob die Wiederholung notwendig ist", erinnert Anna. „Unsere Schüler waren erstaunt, dass man mit komplexen Zahlen reellwertige Probleme effizient lösen kann. Inez war von den Additionstheoremen richtig begeistert", berichtet Bernd vom heutigen Treffen.

Was ich in diesem Kapitel gelernt habe

• Ich habe das Rechnen mit komplexen Zahlen vertieft.
• Ich habe die komplexe Exponentialfunktion (komplexe e-Funktion) kennengelernt.
• Ich habe Additionstheoreme für Sinus und Cosinus bewiesen.

Auf Eulers Spuren

„Heute stehen Graphen auf dem Programm. Ich vermute, dass ihr damit nur wenig Erfahrung habt", eröffnet Anna den Nachmittag. „Bernd und ich haben Graphen in unserer Aufnahmeprüfung zum CBJMM schon im allerersten Treffen kennengelernt.[1]" „Ihr wart doch damals noch in der Grundschule! Das sollten wir doch auch hinkriegen." „Natürlich sind eure Aufgaben schwieriger als unsere damals waren."

Alter MaRT-Fall Helen ist seit einiger Zeit vom Kartenlegen begeistert. Neulich hat sie sich etwas Besonderes ausgedacht. Helen bezeichnet zwei Spielkarten als „befreundet", falls entweder die Farbe (Karo, Herz, Pik, Kreuz) oder das Bild (2, . . . , 10, Bube, Dame, König, As) übereinstimmen. Eine Spielkarte ist aber nicht mit sich selbst befreundet. Sie möchte die Karten so auf dem Rand ihres kreisrunden Tisches legen, dass nur befreundete Karten nebeinanderliegen, und jede Karte genau einmal neben jeder zu ihr befreundeten Karte liegt. Welche Karte rechts und welche links liegt, spielt dabei keine Rolle. Nach etlichen erfolglosen Versuchen fragt sich Helen, ob das überhaupt möglich ist. Dabei möchte sie wissen, ob ihre Anforderungen für Skatspiele (Bilder: 7 bis As) und für Rommékarten (Bilder: 2 bis As) erfüllbar sind. Jede Karte (z. B. Kreuz 9) darf mehrfach ausgelegt werden.

Definition 7.1 Ein *ungerichteter Graph* G wird durch ein Tupel (V, E) beschrieben. Dabei ist V eine nicht-leere endliche Menge, und es ist $E \subseteq \{\{u, v\} \mid u, v \in V, u \neq v\}$. Die Elemente von V heißen *Ecken* (oder auch Knoten), und die Elemente von E nennt man *Kanten*. Man sagt, dass u (und v) *inzident* zur Kante

---

[1] vgl. (Schindler-Tschirner & Schindler, 2019a, Kap. 2).

$\{u, v\} \in E$ ist. Für $v \in V$ nennt man $\Gamma(v) = \{u \in V \mid u \neq v, \{u, v\} \in E\}$ die *Nachbarschaft* von v, und $\deg(v) = |\Gamma(v)|$ ist der Grad von v.

„Die Beschreibung der Kanten als 2-elementige Teilmengen wird leicht unübersichtlich. Man stellt Graphen dar, indem man die Ecken durch Punkte repräsentiert, und Kanten sind Verbindungsstrecken zwischen jeweils zwei Punkten. Am Whiteboard stelle ich an einem Beispiel die formale Definition und die graphische Darstellung gegenüber", erklärt Anna und zeichnet Abb. 7.1 an das Whiteboard.

„Warum bezeichnet man die Menge der Ecken und Kanten mit V und E", möchte Inez wissen. „Diese Bezeichnungen sind in der Literatur üblich. Im Englischen heißen Ecken ,vertices' und Kanten ,edges'", erklärt Anna. „Übrigens gibt es auch Graphen mit Kanten, die eine Ecke mit sich selbst verbinden, und Graphen mit Mehrfachkanten, aber solche Graphen betrachten wir heute nicht."

a) Bestimme $\deg(v)$ für alle $v \in V$ in Abb. 7.1. Wie groß sind $|V|$ und $|E|$?
b) Beweise: Für jeden ungerichteten Graphen $G = (V, E)$ gilt $\sum_{v \in V} \deg(v) = 2|E|$.
c) Es sei $G = (V, E)$ ein Graph. Beweise, dass zwei Ecken existieren, die denselben Grad besitzen.
d) Es sei $V_0 = \{1, 2, \ldots, 20\}$. Wieviele Graphen $G = (V_0, E)$ gibt es, die genau 50 Kanten besitzen (Darstellung durch Binomialkoeffizienten)?

„Nach der Aufwärmrunde brauchen wir weitere Definitionen", bemerkt Anna.

Definition 7.2 In einem Graph $G = (V, E)$ ist ein *Kantenzug* (oder: *Weg*) der Länge ℓ eine Folge von Ecken $v_0, v_2, \ldots, v_\ell$ mit der Eigenschaft, dass zwei

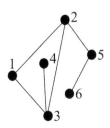

G = (V,E)

V = {1,2,3,4,5,6}

E = {{1,2},{1,3},{2,3},
{2,5},{3,4},{5,6}}

Abb. 7.1 Beispiel: Formale Beschreibung (links) und graphische Darstellung (rechts) eines ungerichteten Graphen $G = (V, E)$

aufeinanderfolgende Ecken jeweils durch eine Kante verbunden sind. Ein Graph $G = (V, E)$ heißt *zusammenhängend*, falls für jedes Paar $u, v \in V$ ein Kantenzug von u nach v existiert. Andernfalls heißt G *unzusammenhängend*. Eine *Eulertour* (auch: *Eulerkreis*) in einem Graph G ist ein Kantenzug, der jede Kante des Graphen genau einmal enthält, und bei dem der Anfangs- und der Endpunkt übereinstimmen. Enthält ein Graph eine Eulertour, nennt man ihn *eulersch*.

„Diese Definitionen muss ich erst einmal verdauen", stellt Steven fest. „Wenn du dir die graphische Darstellung eines Graphen vor Augen führst, werden dir die Definitionen ziemlich intuitiv erscheinen."

e) Es sei $|V_n| = n$. Für welche $n \geq 2$ existiert ein eulerscher Graph $G_n = (V_n, E_n)$? Gib für diese n eine geeignete Kantenmenge E_n an.

Satz 7.1 (Euler) Ein zusammenhängender Graph $G = (V, E)$ ist genau dann eulersch, wenn der Grad aller Ecken gerade ist.

„Satz 7.1 stellt ein fundamentales Resultat der Graphentheorie dar, das bereits Leonard Euler[2] bewiesen hat. Euler gilt als Begründer der Graphentheorie", erläutert Anna. „Ihr werdet Satz 7.1 zunächst anwenden und dann beweisen."

f) Ist es möglich, das Haus des Nikolaus (Abb. 7.2 (links)) in einem Zug zu zeichnen, indem man an einer Ecke beginnt, keine Kante doppelt zeichnet und schließlich wieder an den Ausgangspunkt zurückkehrt?
g) Es seien $M = \{1, \ldots, n\}$, $V = \mathscr{P}(M)$, und es ist $\{M_1, M_2\} \in E$ genau dann, falls $M_1 \subsetneq M_2$ (M_1 ist echte Teilmenge von M_2) oder $M_2 \subsetneq M_1$. (i) Berechne $|V|$ und $|E|$. (ii) Besitzt dieser Graph eine Eulertour?
h) Es sei $G = (V, E)$ ein eulerscher Graph. Beweise: $\deg(v)$ ist für alle $v \in V$ gerade.
i) Es sei $G = (V, E)$ ein Graph, für den $\deg(v)$ für alle $v \in V$ gerade ist. Rolf wählt zunächst zufällig eine Ecke $v \in V$ mit $\deg(v) > 0$ und eine Kante vom Typ $\{v, *\}$ (Beginn eines Kantenzugs). Er setzt den Kantenzug fort, indem er jeweils zufällig eine der noch nicht verwendeten Kanten auswählt. Diese Strategie setzt er fort, solange eine noch nicht verwendete Kante zur Verfügung steht. Wo endet der Kantenzug?
j) Beweise Satz 7.1.

---

[2] Leonard Euler (1707–1783) war ein schweizer Mathematiker, Physiker und Ingenieur.

 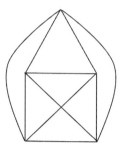

Abb. 7.2 Haus des Nikolaus (links) und ein modifiziertes Haus des Nikolaus (rechts)

k) Gib für das modifizierte Haus des Nikolaus (Abb. 7.2 (rechts)) eine Eulertour an.

„Der Beweis von Satz 7.1 ist ja konstruktiv", stellt Norma fest. „Das ist richtig. Diese Konstruktion nutzen Algorithmen zur Suche von Eulertouren aus", ergänzt Anna. ,Jetzt kommen wir zum alten MaRT-Fall." „Was hat der alte MaRT-Fall denn mit Graphen zu tun?", fragt Norma ungläubig. „Das müsst ihr schon selbst herausfinden", bemerkt Anna mit einen Schmunzeln.

l) Löse den alten MaRT-Fall.

m) (Alter MaRT-Fall, Zusatzaufgabe) Wieviele Spielkarten benötigt man, um die Anforderungen des alten MaRT-Falls zu erfüllen?

Anna und Bernd

„Wir waren zum ersten Mal selbst Mentoren, Anna. Das war eine tolle Erfahrung", meint Bernd. Anna pflichtet ihm bei und sagt: „Es hat mir auch viel Spaß gemacht. Hoffentlich waren unsere Vorbereitungen erfolgreich."

Was ich in diesem Kapitel gelernt habe

- Ich habe mich mit ungerichteten Graphen befasst.
- Ich kenne ein einfaches Kriterium, wann ein Graph eulersch ist.
- Ich habe Realwelt-Probleme als Graphenprobleme modelliert und gelöst.

Teil II
Musterlösungen

Teil II enthält ausführliche Musterlösungen zu den Aufgaben aus Teil I. Um umständliche Formulierungen zu vermeiden, wird im Folgenden normalerweise nur der „Kursleiter" angesprochen. Tab. II.1 zeigt die wichtigsten mathematischen Techniken, die in den Aufgabenkapiteln zur Anwendung kommen.

In den Musterlösungen werden auch die mathematischen Ziele der einzelnen Kapitel erläutert, und am Ende werden Ausblicke über den Tellerrand hinaus gegeben, wo die erlernten mathematischen Techniken und Methoden in und außerhalb der Mathematik noch Einsatz finden. Zuweilen wird auf historische Bezüge hingewiesen. Dies mag die Schüler zusätzlich motivieren, sich mit der Thematik des jeweiligen Kapitels weitergehend zu beschäftigen. Außerdem kann es ihr Selbstvertrauen fördern, wenn sie erfahren, dass die erlernten Techniken auch im Studium Anwendung finden.

Jedes Aufgabenkapitel endet mit einer Zusammenstellung „Was ich in diesem Kapitel gelernt habe". Dies ist ein Pendant zu Tab. II.1, allerdings in schüler-gerechter Sprache. Der Kursleiter kann die Lernerfolge mit den Teilnehmern gemeinsam erarbeiten. Dies kann z. B. beim folgenden Kurstreffen geschehen, um das letzte Kapitel noch einmal zu rekapitulieren.

Tab. II.1 Übersicht: Mathematische Inhalte der Aufgabenkapitel

Kap. 2	Diskrete Zufallsvariablen, geometrische Verteilung, Erwartungswert
Kap. 3	Spieltheorie, 2-Personen-Nullsummenspiele
Kap. 4	Aussagenlogik, de Morgansche Regeln, Modellieren von Realweltproblemen
Kap. 5	Beweis und Anwendungen des Sinussatzes
Kap. 6	Komplexe Exponentialfunktion, Additionstheoreme für Sinus und Cosinus
Kap. 7	Ungerichtete Graphen, Eulertouren

Musterlösung zu Kap. 2

8

Kap. 2 behandelt diskrete Zufallsvariablen. Einiges dürften die Schüler bereits aus dem Schulunterricht kennen, aber es ist zweifellos auch viel Neues dabei, insbesondere das geschickte Rechnen mit Erwartungswerten. Dabei finden auch Resultate aus der Analysis aus den „Mathematischen Geschichten VII" Anwendung.

Didaktische Anregung In Kap. 2 liegt der Fokus auf der geometrischen Verteilung und dem Verständnis, was ein Erwartungswert ist und wie man mit Erwartungswerten rechnet. Hier sind eventuell weitere Übungsaufgaben durch den Kursleiter notwendig.

Anmerkung: In diesem und im nächsten Kapitel beschränken wir uns auf diskrete Wahrscheinlichkeitsräume und diskrete Zufallsvariablen. Ist die Ergebnismenge überabzählbar (z. B. $\Omega = \mathbb{R}$), muss im Wahrscheinlichkeitsraum $(\Omega, \mathscr{P}(\Omega), P)$ die Potenzmenge $\mathscr{P}(\Omega)$ durch eine geeignete σ-Algebra $\mathscr{A}$ über Ω ersetzt werden, und P ist ein Wahrscheinlichkeitsmaß auf $\mathscr{A}$. Das ist jedoch kein Schulstoff.

Die ersten Aufgaben sind relativ einfach. Die Schüler sollen mit grundlegenden Konzepten vertraut werden.

a) Wir wählen den Ergebnisraum $\Omega = \{\omega = (i, j, k) \mid 1 \leq i, j, k \leq 6\}$, wobei (i, j, k) die Augenzahlen der drei Würfe angibt. Da der Würfel fair ist und die drei Würfe unabhängig sind, ist $P((i, j, k)) = \frac{1}{6^3}$ für alle $(i, j, k) \in \Omega$. Der gesuchte Wahrscheinlichkeitsraum ist durch $(\Omega, \mathscr{P}(\Omega), P)$ gegeben. Wir definieren die Zufallsvariable $X \colon \Omega \to \Omega' = \{3, \ldots, 18\}$ durch $X(i, j, k) = i + j + k$. Da P auf Ω gleichverteilt ist, genügt es, die Tripel $(i, j, k) \in \Omega$ zu zählen, deren Komponentensumme 6 ist. Das sind $(1, 1, 4)$, $(1, 2, 3)$ und

(2, 2, 2) sowie alle Permutationen dieser Tripel. Also ist $P(X = 6) = \frac{3+6+1}{216} = \frac{10}{216} = \frac{5}{108}$.

b) Die Zufallsvariable $Y : \Omega \rightarrow \Omega'' = \{1, \ldots, 6\}$ ist durch $Y((i, j, k)) = \max\{i, j, k\}$ gegeben. Es ist

$$P(Y = 5) = P(Y \leq 5) - P(Y \leq 4) = \frac{5^3 - 4^3}{6^3} = \frac{61}{216} \tag{8.1}$$

Aus der Lösung von a) erhält man $P(X = 6, Y = 5) = 0$, da für keines der Tripel $(1, 1, 4)$, $(1, 2, 3)$ und $(2, 2, 2)$ die maximale Komponente 5 ist. Andererseits ist $P(X = 6) \cdot P(Y = 5) = \frac{5}{108} \cdot \frac{61}{216} \neq 0$. Also sind X und Y nicht unabhängig (was auch intuitiv klar ist).

c) Für $j \in \{0, \ldots, 5\}$ gibt die Zufallsvariable T_j die j-te Binärziffer der gezogenen Zahl an. Dann ist $P(T_j = 1) = 0{,}5$ für $j = 0, \ldots, 5$, und die Zufallsvariablen $T_0, \ldots, T_5$ sind unabhängig (da $\Omega' = \{0, \ldots, 2^6 - 1\}$). Also: $X = T_0 + \cdots + T_5$ ist $B(6, 0, 5)$-verteilt. Die gesuchte Wahrscheinlichkeit ist $P(X = 4) = \binom{6}{4}0{,}5^6 = \frac{15}{64}$.

d) Die gesuchte Wahrscheinlichkeit beträgt $\left(\frac{4}{6}\right)^6 = \left(\frac{2}{3}\right)^6 = \frac{64}{729} \approx 0{,}088$.

e) Es bezeichne A das Ereignis, dass in den drei ersten Würfen mindestens eine 6 auftritt. Die gesuchte Wahrscheinlichkeit beträgt

$$P(A) = 1 - P(A^c) = 1 - \frac{5^3}{6^3} = \frac{216 - 125}{216} = \frac{91}{216} \approx 0{,}42 \tag{8.2}$$

f) Die relevante Information der einzelnen Würfe (3 oder nicht 3) kann durch unabhängige $B(1, \frac{1}{6})$-verteilte Zufallsvariablen $T_1, T_2, \ldots$ beschrieben werden. Die Zufallsvariable X gibt an, in welchem Wurf die erste 3 gewürfelt wird. Also ist X ist $G(\frac{1}{6})$-verteilt, und damit ist $P(X = k) = \frac{1}{6} \cdot (\frac{5}{6})^{k-1}$. Aus der Unabhängigkeit der Zufallsvariablen $T_1, T_2, \ldots$ folgt

$$P(X = 10 + k \mid X > 10) = P(T_{10+k} = 1, T_{11} = 0, \ldots, T_{10+k-1} = 0 \mid T_1, \ldots, T_{10} = 0)$$
$$= P(T_{10+k} = 1, T_{11} = 0, \ldots, T_{10+k-1} = 0)$$
$$= P(T_k = 1, T_1 = 0, \ldots, T_{k-1} = 0) = P(X = k) \tag{8.3}$$

Anhand von Aufgabe f) kann die *Gedächtnislosigkeit* der geometrischen Verteilung thematisiert werden. Die nächsten Aufgaben widmen sich vorwiegend dem zentralen Thema von Kap. 2, dem Erwartungswert. Die Aufgaben h)-m) dürften den üblichen Schulstoff deutlich übersteigen.

g) Es ist X verteilt wie $T_1 + \cdots + T_n$, wobei die Zufallsvariablen $T_1, \ldots, T_n$ unabhängig und identisch $B(1, p)$-verteilt sind. Mit (2.3) folgt unmittelbar

$$E(X) = E(T_1 + \cdots + T_n) = E(T_1) + \cdots + E(T_n) = np \qquad (8.4)$$

h) Da X nur positive Werte annimmt, beweist Gl. (8.5) gleichzeitig die Existenz des Erwartungswerts. Das zweite und dritte Gleichheitszeichen erhält man durch Indexverschiebung ($j = k - 1$) und Einsetzen von $x = 1 - p$ (z. B.) in (Schindler-Tschirner, 2023), Kap. 3, Formel (3.1).

$$E(X) = p \sum_{k=1}^{\infty} k(1-p)^{k-1} = p \sum_{j=0}^{\infty} (j+1)(1-p)^j = \frac{p}{p^2} = \frac{1}{p} \qquad (8.5)$$

i) Die Zufallsvariable X bezeichne die Anzahl der Spiele, bis erstmals die 13 erscheint. Dann ist X geometrisch verteilt mit Parameter $p_0 = \frac{1}{37}$. Daher ist $E(X) = 37$ (vgl. Aufgabe h)), d. h. Gernot Glück gewinnt im Durchschnitt eines von 37 Spielen. Ferner folgt aus $P(X > m) = P(\text{erste } m \text{ Zahlen sind} \neq 13) = (1 - p_0)^m \leq 0{,}01$ durch Logarithmieren und Auflösen nach m die Ungleichung $m \geq \frac{\log(0{,}01)}{\log(1-p_0)} = 168{,}1$. Wenn Gernot Glück also mindestens 169 Mal spielt, gewinnt er mit einer Wahrscheinlichkeit von mehr als $0{,}99$ wenigstens ein Mal.

j) Die Zufallsvariable S gibt die Anzahl der gekauften Sticker an, bis Frieda alle n Stickermotive besitzt. Gesucht ist der Erwartungswert $E(S)$. Wir definieren Zufallsvariablen $T_1, \ldots, T_n$. Dabei gibt T_j die Anzahl der Sticker an, die Frieda kaufen muss, um das j-te Stickermotiv zu finden, nachdem sie bereits $j - 1$ Stickermotive gefunden hat. Offensichtlich ist $E(T_1) = 1$, und für $j = 2, \ldots, n$ ist T_j geometrisch verteilt mit $p_j = \frac{n-j+1}{n}$. Mit (2.3) und Aufgabe h) folgt

$$\begin{aligned} E(S) = E(T_1 + \cdots + T_n) &= E(T_1) + \cdots + E(T_n) \\ &= 1 + \frac{n}{n-1} + \cdots + \frac{n}{1} = n \left(1 + \frac{1}{2} + \cdots + \frac{1}{n} \right) \end{aligned} \qquad (8.6)$$

k) In (Schindler-Tschirner & Schindler, 2023), Kap. 6, Aufgaben d), e), wurde die Ungleichung

$$\ln(n+1) < 1 + \frac{1}{2} + \cdots + \frac{1}{n} < \ln(n) + 1 \qquad (8.7)$$

bewiesen. Für großes n gilt daher die Näherung $E(S) \approx n \ln(n)$.

l) Es sei $P(k) = \frac{6}{\pi^2} \frac{1}{k^2}$ für alle $k \in \mathbb{N}$. Aus (2.4) folgt, dass P ein Wahrscheinlichkeitsmaß auf $\mathbb{N}$ definiert. Ferner ist

$$\sum_{k=1}^{\infty} k \frac{6}{\pi^2} \frac{1}{k^2} = \frac{6}{\pi^2} \sum_{k=1}^{\infty} \frac{1}{k} \tag{8.8}$$

Es ist $\sum_{k=1}^{n} \frac{1}{k} > \ln(n+1)$ für alle $n \in \mathbb{N}$; vgl. (8.7). Daher divergiert die rechte Summe in (8.8).

Anmerkung: Eine weitere Lösung ist z. B. $P(k) = \frac{3}{\pi^2} \frac{1}{k^2}$ für alle $k \in Z \setminus \{0\}$.

Im alten MaRT-Fall kommt noch einmal die geometrische Verteilung zum Zug.

m) Es bezeichnet A das Ereignis, dass der erste Schütze das Duell gewinnt, und A_j das Ereignis, dass er mit seinem j-ten Schuss gewinnt. Das ist dann der Fall, wenn beide Schützen bei ihren ersten $j-1$ Versuchen daneben geschossen haben und der erste Schütze im j-ten Versuch trifft.

$$P(A) = \sum_{j=1}^{\infty} P(A_j) = \sum_{j=1}^{\infty} p_1 \left((1-p_1)(1-p_2)\right)^{j-1} \tag{8.9}$$

$$= \frac{p_1}{1-(1-p_1)(1-p_2)} \sum_{j=1}^{\infty} (1-(1-p_1)(1-p_2)) \left((1-p_1)(1-p_2)\right)^{j-1}$$

$$= \frac{p_1}{1-(1-p_1)(1-p_2)} \cdot 1 = \frac{p_1}{1-(1-p_1)(1-p_2)}$$

Die letzte Summe in (8.9) addiert die Wahrscheinlichkeiten einer geometrischen Verteilung mit Parameter $(1-(1-p_1)(1-p_2))$. Auflösen von $P(A) = \frac{1}{2}$ nach p_2 ergibt $p_2 = \frac{p_1}{1-p_1}$. Für $p_1 = 0{,}3$ ist $p_2 = \frac{3}{7} \approx 0{,}43$.

Mathematische Ziele und Ausblicke

Stochastik ist ein Teilgebiet der Mathematik, das mit vielen weiteren mathematischen Gebieten thematische Überschneidungen aufweist und darüber hinaus zahlreiche Anwendungen in den Natur-, Ingenieurs-, Wirtschafts- und Sozialwissenschaften besitzt. Kap. 3 bietet eine Einführung in die mathematische Spieltheorie. Neben ihrer Bedeutung in der Mathematik erlaubt die Spieltheorie zahlreiche Anwendungen vor allem im Operations Research und in den Wirtschaftswissenschaften. Der amerikanische Mathematiker John Nash (1928–2015) erhielt im Jahr 1994 den Nobelpreis für Wirtschaftswissenschaften für eine Entdeckung auf dem Gebiet der Spieltheorie („Nash-Gleichgewicht").

Musterlösung zu Kap. 3

9

Zunächst wird Kap. 2 thematisch fortgesetzt. Danach lernen die Schüler Grundlagen der mathematischen Spieltheorie. Einfache „Wegnehmspiele" wurden übrigens bereits in den Mathematischen Geschichten I (Schindler-Tschirner & Schindler, 2019a, Kap. 4 u. 5) behandelt.

Die Aufgaben a)–d) üben die Siebformel und befassen sich mit Erwartungswerten.

a) Für $j \leq n$ bezeichnet A_j das Ereignis, dass das j-te (bei der Weihnachtsfeier anwesende) CBJMM-Mitglied sein eigenes Geschenk zugelost bekommt. Dann ist $A = A_1 \cup \cdots \cup A_n$ das Ereignis, dass mindestens ein Mitglied sein eigenes Geschenk erhält. Aus der Siebformel folgt

$$
\begin{aligned}
P(A) &= \sum_{1 \leq j \leq n} P(A_j) - \sum_{1 \leq j_1 < j_2 \leq n} P(A_{j_1} \cap A_{j_2}) + \cdots \\
&\quad + (-1)^{n-1} P(A_1 \cap \cdots \cap A_n) \\
&= \sum_{k=1}^{n} (-1)^{k-1} \sum_{1 \leq j_1 < \cdots < j_k \leq n} P(A_{j_1} \cap \cdots \cap A_{j_k})
\end{aligned}
\tag{9.1}
$$

Die Wahrscheinlichkeiten $P(A_{j_1} \cap \cdots \cap A_{j_k})$ $(= \frac{1}{n} \cdots \frac{1}{n-k+1})$ hängen nicht von den Indizes $j_1, \ldots, j_k$ ab. Daher vereinfacht sich Gl. (9.1) zu

$$
P(A) = \sum_{k=1}^{n} (-1)^{k-1} \binom{n}{k} \frac{1}{n(n-1)\cdots(n-k+1)} = \sum_{k=1}^{n} (-1)^{k-1} \frac{1}{k!}
\tag{9.2}
$$

S. Schindler-Tschirner und W. Schindler, *Mathematische Geschichten VIII – Stochastik, trigonometrische Funktionen und Beweise*, essentials, https://doi.org/10.1007/978-3-662-68360-6_9

Für $n = 7$ und $n = 20$ ist $P(A) = 0{,}632143$ bzw. $P(A) = 0{,}632121$.

Anmerkung: Es ist $\lim_{n \to \infty} P(A) = 1 - e^{-1}$.

b) Für $j = 1, \ldots, n$ ist $Y_j = 1$, falls das j-te Mitglied sein eigenes Geschenk erhält und $Y_j = 0$ sonst. Dann ist Y_j Bernoulli-verteilt mit Parameter $p = \frac{1}{n}$, und $X = Y_1 + \cdots + Y_n$ gibt die Anzahl der Mitglieder an, die ihr eigenes Geschenk zugelost bekommen. Mit (2.3) folgt $E(X) = E(Y_1) + \cdots + E(Y_n) = nE(Y_1) = n \cdot \frac{1}{n} = 1$.

c) Die Zufallsvariablen X_1, X_2, X_3 beschreiben Alberts Würfe, und Y_1, Y_2 beschreiben Bertrams Würfe. Wir nehmen an, dass die Zufallsvariablen X_1, X_2, X_3, Y_1, Y_2 unabhängig und auf $\{1, \ldots, 6\}$ gleichverteilt sind. Ferner sei $S := \max\{X_1, X_2, X_3\}$ und $T = \max\{Y_1, Y_2\}$, und A bezeichnet das Ereignis, dass Albert gewinnt. Also gewinnt Albert das Spiel mit Wahrscheinlichkeit

$$P(A) = P(S > T) = \sum_{j=1}^{6} P(S > T, S = j) = \sum_{j=2}^{6} P(S = j, T \leq j - 1)$$

$$= \sum_{j=2}^{6} P(S = j) \cdot P(T \leq j - 1)$$

$$= \sum_{j=2}^{6} (P(S \leq j) - P(S \leq j - 1)) \cdot P(T \leq j - 1)$$

$$= \sum_{j=2}^{6} \frac{j^3 - (j-1)^3}{6^3} \cdot \frac{(j-1)^2}{6^2} = \frac{3667}{7776} \approx 0{,}47 \tag{9.3}$$

Die Zufallsvariable G bezeichnet die Auszahlung aus Sicht von Albert, d. h. es ist $G = 1$ falls Albert gewinnt und $G = -1$ sonst. Dann ist $E(G) = 1 \cdot P(A) - 1 \cdot P(A^c) = \frac{442}{7776} \approx -0{,}057$.

d) Das Spiel aus Aufgabe c) ist für Albert ungünstig, da $E(G) < 0$. Es beschreibt die Zufallsvariable G_b Alberts Auszahlung, wenn Bertram für einen Gewinn anstatt eines Euros b Euro erhält. Dann ist $E(G_b) = P(A) - bP(A^c)$. Löst man die Gleichung $E(G_b) = 0$ nach b auf, erhält man $b = \frac{3667}{4109} \approx 0{,}89\,\text{EUR}$.

Didaktische Anregung In diesem Kapitel lernen die Schüler eine Reihe neuer Definitionen und Konzepte aus der Spieltheorie kennen. Es ist eine Option, die Schüler anzuregen, sich selbst 2-Personen-Nullsummenspiele auszudenken und formal zu beschreiben. Diese Beispiele können im Lauf dieses Kapitels fortgesetzt werden, sobald die entsprechenden Definitionen bereitgestellt sind. Die Begriffe Infimum und Supremum (vgl. Definition 3.3) müssen vom Kursleiter vermutlich wiederholt oder neu erklärt werden. Es wird angeregt, die Unterschiede zum Minimum und Maximum zu thematisieren und an Beispielen (zusätzlich zu j)) zu illustrieren.

e) Es ist $\Gamma = (S_1, S_2, a)$ mit $S_1 = S_2 = \{$'st', 'sc', 'pa'$\}$, wobei 'st', 'sc' und 'pa' für ‚Stein', ‚Schere' und ‚Papier' stehen. Für die Auszahlungsfunktion gilt: $a($'sc', 'pa'$) = a($'st', 'sc'$) = a($'pa', 'st'$) = 1$, $a($'sc', 'sc'$) = a($'st', 'st'$) = a($'pa', 'pa'$) = 0$ und $a($'sc', 'st'$) = a($'st', 'pa'$) = a($'pa', 'sc'$) = -1$.

f) Es ist $\Gamma = (S_1, S_2, a)$ mit $S_1 = S_2 = \{1, \ldots, n\}$. Ferner ist $a(x, y) = 1$, falls $x > y$, $a(x, y) = 0$, falls $x = y$ und $a(x, y) = -1$, falls $x < y$.

g) Die Lösung entspricht Aufgabe f) mit $S_1 = S_2 = \mathbb{N}$.

h) Der Wahrscheinlichkeitsraum $(\Omega, \mathscr{P}(\Omega), P)$ ist durch $\Omega = S_1 \times S_2$ und $P(\{(x, y)\}) = \pi_1(x) \cdot \pi_2(y)$ gegeben, und es ist $a \colon S_1 \times S_2 \to \Omega' = \{a(x, y) \mid x \in S_1, y \in S_2\} \subseteq \mathbb{R}$. Für den Erwartungswert gilt

$$E(a) = \sum_{x \in S_1} \sum_{y \in S_2} P((x, y)) a(x, y) = \sum_{x \in S_1} \sum_{y \in S_2} \pi(x) \pi(y) a(x, y) = A(\pi_1, \pi_2)$$
(9.4)

i) Es seien $\pi \in \mathscr{W}_{(S_1)}$ und $\rho \in \mathscr{W}_{(S_2)}$. Zusammenfassen ergibt

$$A(\pi, \rho) = \pi('st') \left(\rho('sc') - \rho('pa') \right) + \pi('sc') \left(\rho('pa') - \rho('st') \right)$$
$$+ \pi('pa') \left(\rho('st') - \rho('sc') \right)$$
(9.5)

Für $\rho = \rho'$ ist der letzte Klammerterm in (9.5) maximal ($= \frac{2}{5}$). Oliver sollte die Strategie $\pi' = (0, 0, 1)$ spielen. Es ist $A(\pi', \rho') = \frac{2}{5}$, aber $A(\pi', \rho'') = -\frac{1}{6}$.

Didaktische Anregung Zwei-Finger-Morra (alter MaRT-Fall) ist das kleinste nichttriviale 2-Personen-Nullsummenspiel und ein Standardbeispiel in Einführungswerken zur Spieltheorie. Zwei-Finger-Morra ist eine Variante des Morra-Spiels, das u. a. von Hirten auf Sizilien gespielt wird. Die Schüler könnten angeregt werden, bis zum nächsten Mal über das Morra-Spiel im Internet zu recherchieren.

j) (i) Es ist $\inf((0, 1]) = 0$. (ii) + (iii): Die Folge $a_n = 3 + \frac{5}{n}$ ist monoton fallend, und es ist $\lim_{n \to \infty} a_n = 3$. Daher ist $\inf(\{3 + \frac{5}{n} \mid n \in \mathbb{N}\}) = 3$ und $\sup(\{3 + \frac{5}{n} \mid n \in \mathbb{N}\}) = 8$. (Es ist also nur das Supremum in (ii) in der Menge enthalten.)

k) Es sei $\pi_* = (\frac{1}{3}, \frac{1}{3}, \frac{1}{3})$. Einsetzen in (9.5) ergibt $A(\pi_*, \rho) = 0$ für alle $\rho \in \mathscr{W}_{(S_2)}$. Daher ist $W_*(\Gamma_m) \geq 0$. Auf dieselbe Weise, durch Umsortieren von $A(\pi, \rho)$ und

Ausklammern von $\rho('st')$, $\rho('sc')$ und $\rho('pa')$, zeigt man $A(\pi, \pi_*) = 0$ für alle $\pi \in \mathscr{W}_{(S_1)}$. Daher ist $W^*(\Gamma_m) \leq 0$. Insgesamt folgt daraus $W_*(\Gamma_m) \geq W^*(\Gamma_m)$, und aus Satz 3.1(i) folgt $W_*(\Gamma_m) = W^*(\Gamma_m) = 0 = W(\Gamma_m)$. Insbesondere ist π_* für beide Spieler (die einzige) Minimax-Strategie.

l) Es beschreiben $S_1 = S_2 = \{1, 2\}$ die reinen Strategien beim Zwei-Finger-Morra, und die Auszahlungsfunktion ist durch $a(1, 1) = -2$, $a(1, 2) = 3$, $a(2, 1) = 3$ und $a(2, 2) = -4$ gegeben. Ferner sei $\Gamma_m = (\mathscr{W}_{(S_1)}, \mathscr{W}_{(S_2)}, A)$ die endlich gemischte Erweiterung von $\Gamma = (S_1, S_2, a)$. Für $\pi = (\pi(1), \pi(2)) \in \mathscr{W}_{(S_1)}$ und $\rho = (\rho(1), \rho(2)) \in \mathscr{W}_{(S_2)}$ folgt durch Einsetzen, Zusammenfassen und Ausklammern

$$
\begin{aligned}
A(\pi, \rho) &= -2\pi(1)\rho(1) + 3\pi(1)\rho(2) + 3\pi(2)\rho(1) - 4\pi(2)\rho(2) \\
&= -2\pi(1)\rho(1) + 3\pi(1)(1 - \rho(1)) + 3(1 - \pi(1))\rho(1) \\
&\quad -4(1 - \pi(1))(1 - \rho(1)) \\
&= 7\pi(1) + 7\rho(1) - 4 - 12\pi(1)\rho(1) \\
&= 12\left(\pi(1) - \frac{7}{12}\right)\left(\frac{7}{12} - \rho(1)\right) + \frac{1}{12}
\end{aligned}
\tag{9.6}
$$

Es sei $\pi_* = (\frac{7}{12}, \frac{5}{12})$. Einsetzen in den letzten Term von (9.6) ergibt $A(\pi_*, \rho) = 0 + \frac{1}{12} = \frac{1}{12}$ für alle $\rho \in \mathscr{W}_{(S_2)}$, d. h. $W_*(\Gamma_m) \geq \frac{1}{12}$. (Die Strategie von Spieler 2 ist also irrelevant.) Ebenso folgt $A(\pi, \pi_*) = \frac{1}{12}$ für alle $\pi \in \mathscr{W}_{(S_1)}$, d. h. $W_*(\Gamma_m) \leq \frac{1}{12}$. Wie in k) schließt man $W_*(\Gamma_m) = W^*(\Gamma_m) = \frac{1}{12}$, d. h. $W(\Gamma_m) = \frac{1}{12}$. Das Zwei-Finger-Morra-Spiel ist also für Spieler 1 günstig. Es sei angemerkt, dass π_* für Spieler 1 und Spieler 2 die (einzige) Minimax-Strategie ist.

m) Aufgabe m) löst man wie Aufgabe k). Für $\pi = (\pi(1), \pi(2)) \in \mathscr{W}_{(S_1)}$ und $\rho = (\rho(1), \rho(2)) \in \mathscr{W}_{(S_2)}$ ist

$$
\begin{aligned}
A(\pi, \rho) &= -1\pi(1)\rho(1) + 2\pi(1)\rho(2) + 3\pi(2)\rho(1) - 4\pi(2)\rho(2) \\
&= 6\pi(1) + 7\rho(1) - 4 - 10\pi(1)\rho(1) \\
&= 10\left(\pi(1) - \frac{7}{10}\right)\left(\frac{6}{10} - \rho(1)\right) + \frac{1}{5}
\end{aligned}
\tag{9.7}
$$

Wie in k) zeigt man $W_*(\Gamma_m) = W^*(\Gamma_m) = \frac{1}{5} = W(\Gamma_m)$. Weiterhin sind $\pi_* = (\frac{7}{10}, \frac{3}{10})$ und $\rho_* = (\frac{6}{10}, \frac{4}{10})$ die Minimax-Strategien von Spieler 1 bzw. Spieler 2.

Mathematische Ziele und Ausblicke
vgl. Kap. 8.

Kap. 4 führt die Schüler in die Aussagenlogik ein. Sie lernen den Umgang mit Wahrheitstafeln und üben logisches Schlußfolgern. In den beiden letzten Aufgaben modellieren sie Realweltprobleme und lösen sie mit dem erlernten Kalkül.

Didaktische Anregung Kap. 4 besitzt keine inhaltlichen Anknüpfungspunkte zu anderen Kapiteln. Aussagenlogik dürfte für viele Schüler neu sein. Besondere Aufmerksamkeit sollte auf Anwendungen in der mathematischen Erfahrungswelt der Schüler gelegt werden. Der Kursleiter sollte darauf achten, dass die Schüler die Lösungen der beiden letzten Anwendungsaufgaben zumindest verstehen. Weitere Aufgaben findet man z. B. in (Specht et al., 2009, Abschnitt L.1).

Die Aufgaben a)–d) sind relativ einfach und dürften den Schülern wenig Probleme bereiten. Sie üben den Umgang mit Wahrheitstabellen. Aufgabe e) illustriert ein Beispiel aus der Algebra, bei dem eine Implikation, aber keine Äquivalenz vorliegt.

a) Die Tab. 10.1, 10.2 und 10.3 enthalten die Wahrheitstabellen für die Teilaufgaben (i), (ii) und (iii).

b) (i) Ist A wahr, so trifft dies auch auf $A \vee B$ und auf $A \vee C$ zu. Daher ist $(A \vee B) \wedge (A \vee C)$ wahr. In (ii) ist $A \vee B$ falsch. Daher ist auch $(A \vee B) \wedge (A \vee C)$ falsch.

c) Es genügt, die Wahrheitstabellen für $A \implies B$ und für $\neg A \vee B$ zu berechnen und zu vergleichen; vgl. Tab. 10.4.

d) Es ist $(A \iff B) \equiv (A \wedge B) \vee (\neg A \wedge \neg B)$. Tab. 10.5 enthält die Wahrheitstabellen.

e) Es sei $x_0 \in \mathbb{R}$ eine Lösung der Wurzelgleichung $x + \sqrt{x + 6} = 6$. Dann gilt

Tab. 10.1 Wahrheitstafel für $(A \lor B) \land \neg B$

B \ A	0	1
0	0	0
1	1	0

Tab. 10.2 Wahrheitstafel für $(A \land B) \lor (\neg A \land \neg B)$

B \ A	0	1
0	1	0
1	0	1

Tab. 10.3 Wahrheitstafel für $\neg(A \land B)$

B \ A	0	1
0	1	1
1	1	0

$$(x_0 + \sqrt{x_0 + 6} = 6) \implies ((\sqrt{x_0 + 6})^2 = (6 - x_0)^2)$$
$$\iff (x_0 + 6 = 36 - 12x_0 + x_0^2)$$
$$\iff (x_0^2 - 13x_0 + 30 = 0) \tag{10.1}$$

Bezeichnen L_1 und L_2 die Lösungsmengen der Gleichungen $x + \sqrt{x + 6} = 6$ und $x^2 - 13x + 30 = 0$. Aus (10.1) folgt $(x_0 \in L_1) \implies (x_0 \in L_2)$. Man kann hier nicht auf „$\iff$" schließen, weil im ersten Umformungsschritt keine Äquivalenzumformung durchgeführt wurde. Tatsächlich sind die Aussagen A und B auch nicht äquivalent, da $L_1 = \{3\} \neq L_2 = \{3, 10\}$ ist. (Beim Lösen von Wurzelgleichungen sollte immer eine Probe durchgeführt werden. Hier wird $10 \in L_2$ durch eine Probe als Lösung der Wurzelgleichung eliminiert werden.)

Die nächsten Aufgaben üben wieder das formale Herangehen.

f) Zum Beweis der De Morganschen Regeln (4.4) und (4.5) genügt es wieder, Wahrheitstabellen zu vergleichen. Tab. 10.6 gehört zu (4.4). Ebenso zeigt man,

Tab. 10.4 Wahrheitstafel für $A \Longrightarrow B$ und $\neg A \vee B$

B A	0	1
0	1	1
1	0	1

Tab. 10.5 Wahrheitstafel für $A \Longleftrightarrow B$ und $(A \wedge B) \vee (\neg A \wedge \neg B)$

B A	0	1
0	1	0
1	0	1

Tab. 10.6 Wahrheitstafel für $\neg(A \wedge B)$ und $\neg A \vee \neg B$

B A	0	1
0	1	1
1	1	0

dass die Terme $\neg(A \vee B)$ und $\neg A \wedge \neg B$ nur für $(A = 0, B = 0)$ den Wert 1 annehmen.

g) Ein Lösungsansatz besteht darin, die Wahrheitstabellen für beide Formeln aufzustellen. Alternativ kann man mit Aufgabe c) die Äquivalenz direkt nachweisen:

$$(A \Longrightarrow B) \equiv (\neg A \vee B) \equiv (\neg(\neg B) \vee \neg A) \equiv (\neg B \Longrightarrow \neg A) \qquad (10.2)$$

h) Aus g) folgt unmittelbar

$$(f \text{ besitzt kein lokales Minimum in } x = 0)$$
$$\Longrightarrow \neg((f'(0) = 0) \wedge (f''(0) < 0))$$
$$\equiv (f'(0) \neq 0) \vee (f''(0) \geq 0) \qquad (10.3)$$

i) Mit der de Morganschen Regel (4.4) erhält man

$$\neg(A \wedge B) \vee (A \vee C) \equiv (\neg A \vee \neg B) \vee (A \vee C) \equiv (\neg A \vee A) \vee \neg B \vee C \quad (10.4)$$

Da $(\neg A \vee A)$ immer wahr ist, ist auch $\neg(A \wedge B) \vee (A \vee C)$ immer wahr.

j) Schrittweises Auflösen der negierten Implikationen mit Hilfe von (4.5) ergibt

$$\neg(A \Longrightarrow (B \Longrightarrow C)) \equiv \neg(A \Longrightarrow (\neg B \vee C)) \equiv \neg(\neg A \vee (\neg B \vee C))$$
$$\equiv A \wedge \neg(\neg B \vee C) \equiv A \wedge B \wedge \neg C \quad (10.5)$$

Die zweifache Implikation ist nur dann falsch, falls A und B wahr und C falsch ist.

k) Die Äquivalenz könnte man durch den Vergleich der Wahrheitstabellen für $(A \vee B) \wedge C$ und $(A \wedge C) \vee (B \wedge C)$ (jeweils 8 Einträge) verifizieren. Es geht aber auch einfacher. Für $C = 1$ sind beide Terme äquivalent zu $A \vee B$, und für $C = 0$ sind beide Terme falsch ($= 0$).

l) Der einfachste Term zur Beschreibung der Aussage lautet $A \wedge B \wedge \neg C$.

m) Angenommen, es gibt ein $j \in \{1, \dots, n\}$, für das die Aussage A_j wahr ist. Dann ist auch A_{j+1} (bzw. A_1, falls $j = n$) richtig. Induktiv schließt man, dass dann alle $A_i \in \{1, \dots, n\}$ wahr sind. Sind alle A_i falsch, sind die Implikationen ebenfalls richtig. Zusammengefasst: Entweder sind alle Aussagen A_i richtig, oder es sind alle Aussagen A_i falsch.

Den Abschluss bilden zwei Aufgaben, bei denen Realweltprobleme durch die Verknüpfung von Aussagen beschrieben und dann gelöst werden.

n) Wir definieren zunächst die Aussagen R, S, T, U, V. Die Aussage R besagt, dass Roberta gewonnen hat. Die Aussagen S, T, U und V definieren wir analog. Die Negationen in (10.6)–(10.9) folgen aus den De Morganschen Regeln.

$$[\textbf{A:}] \quad S \Longrightarrow (U \wedge V) \qquad [\neg\textbf{A:}] \quad \neg(\neg S \vee (U \wedge V)) \equiv (S \wedge \neg(U \wedge V)) \equiv$$
$$S \wedge (\neg U \vee \neg V) \quad (10.6)$$

$$[\textbf{B:}] \quad R \vee U \qquad\qquad [\neg\textbf{B:}] \quad \neg(R \vee U) \equiv \neg R \wedge \neg U \quad (10.7)$$

$$[\textbf{C:}] \quad T \Longrightarrow U \qquad\quad [\neg\textbf{C:}] \quad \neg(\neg T \vee U) \equiv T \wedge \neg U \quad (10.8)$$

$$[\textbf{D :}] \quad \textbf{V} \Longrightarrow \textbf{R} \qquad\quad [\neg\textbf{D:}] \quad \neg(\neg V \vee R) \equiv V \wedge \neg R \quad (10.9)$$

Aus (10.7) folgt, dass $\neg R$ und $\neg U$ wahr sind, und aus (10.6) folgt, dass S wahr ist. (Zum Wahrheitswert von $\neg V$ liefert (10.6) keine Information, da $\neg U$ wahr ist.) Aus (10.8) und (10.9) folgt schließlich, dass auch T und V wahr sind. Also

haben Stefan, Thomas und Viktoria ihre Spiele gewonnen, Roberta und Uwe haben verloren.
Anmerkung: Man kann die rechten Seiten von (10.6)–(10.9) zu einem Term zusammenfassen und vereinfachen.

$$(S \wedge (\neg U \vee \neg V)) \wedge (\neg R \wedge \neg U) \wedge (T \wedge \neg U) \wedge (V \wedge \neg R)$$
$$\equiv \neg R \wedge S \wedge T \wedge \neg U \wedge V \wedge (\neg U \vee \neg V) \qquad (10.10)$$

o) Für $x \in \{A, B, C\}$ definieren wir das Ereignis W_x: x sagt immer die Wahrheit. Ist W_A wahr, so gilt nach Voraussetzung $\neg W_B \wedge W_C$ (sonst $\neg(\neg W_B \wedge W_C)$), genauer gesagt, sogar $W_A \wedge \neg W_B \wedge W_C$. Auf diese Weise erhält man (10.11)–(10.13).

$$[\mathbf{W_A:}] \quad W_A \wedge \neg W_B \wedge W_C \qquad [\mathbf{\neg W_A:}] \quad \neg W_A \wedge (W_B \vee \neg W_C) \qquad (10.11)$$
$$[\mathbf{W_B:}] \quad W_B \wedge \neg W_A \qquad\qquad [\mathbf{\neg W_B:}] \quad \neg W_B \wedge W_A \qquad\qquad\quad (10.12)$$
$$[\mathbf{W_C:}] \quad W_C \wedge W_A \wedge W_B \qquad [\mathbf{\neg W_C:}] \quad \neg W_C \wedge (\neg W_A \vee \neg W_B) \qquad (10.13)$$

Die Annahme $W_C = 1$ führt wegen den linken Seiten von (10.11) und (10.12) zum Widerspruch. Also ist $W_C = 0$, und daraus folgen $W_A = 0$ (linke Seite von (10.11)) und schließlich $W_B \neq 0$ (rechte Seite von (10.12)). Eine Probe zeigt, dass $(W_A = 0, W_B = 1, W_C = 0)$ tatsächlich die (einzige) Lösung der Aufgabe ist.

Mathematische Ziele und Ausblicke
Logisches Schließen spielte bereits in der griechischen Philosophie eine wichtige Rolle, um Konzepte wie Wahrheit, Notwendigkeit, Möglichkeit und Implikation zu erörtern. Aristoteles (384–322 v. Chr.) hat mit dem Konzept des Syllogismus eine Grundlage zum Ableiten von Schlussfolgerungen aus Prämissen geschaffen. Die mathematische Logik (Aussagenlogik ist Teilgebiet) entwickelte sich Ende des 19. Jahrhunderts zu einem Teilgebiet der Mathematik. Wichtige Beiträge haben u. a. George Boole (1815–1864), Gottlob Frege (1848–1925), Bertrand Russell (1872–1970), Alfred North Whitehead (1861–1947) und Kurt Gödel (1906–1978) geleistet.

Kap. 5 setzt voraus, dass die Schüler mit grundlegenden Eigenschaften trigonometrischer Funktionen vertraut sind. Das zentrale Thema dieses Kapitels ist der Sinussatz, den die Schüler vermutlich nicht aus dem Schulunterricht kennen.

Didaktische Anregung Auch wenn keine besonderen Vorkenntnisse notwendig sind, kann es notwendig sein, dass der Kursleiter zunächst (neben a) und b)) mit weiteren einfachen Übungsaufgaben zu Sinus und Cosinus in die Thematik einführt.

a) (i) Es ist $a = c \cdot \sin(\alpha) = 4\,\text{cm} \cdot \sin(43°) = 2,73\,\text{cm}$. Ebenso gilt $b = c \cdot \cos(\alpha) = 4\,\text{cm} \cdot \cos(43°) = 2,93\,\text{cm}$.

   (ii) Es ist $c = \sqrt{a^2 + b^2} = \sqrt{4^2 + 3^2}\,\text{cm} = 5\,\text{cm}$. Ferner ist $\sin(\alpha) = \frac{a}{c} = \frac{4}{5}$. Daraus folgen schließlich $\alpha = \arcsin(0,8) = 53,13°$ und $\beta = 90° - 53,13° = 36,87°$.

b) Es bezeichnen $P_1, \ldots, P_{12}$ die Ecken des regelmäßigen 12-Ecks, M den Mittelpunkt des Kreises und M_{12} den Mittelpunkt der Strecke $\overline{P_1 P_2}$. Dann ist $\angle M_{12} M P_1 = \frac{1}{2} \cdot \frac{360°}{12} = 15°$ und $|\overline{M P_1}| = 1$. Daraus folgt $|\overline{P_1 M_{12}}| = \sin(15°)$, und die Fläche des rechtwinkligen Dreiecks $M P_1 M_{12}$ beträgt $\frac{1}{2} |\overline{P_1 M_{12}}| \cdot |\overline{M M_{12}}| = \frac{1}{2} \sin(15°) \cdot \cos(15°)$. Aus der Regelmäßigkeit des 12-Ecks folgt $U = 24 \cdot |\overline{P_1 M_{12}}| = 24 \cdot \sin(15°) = 6,21$ und $A = 24 \cdot \frac{1}{2} |\overline{P_1 M_{12}}| \cdot |\overline{M M_{12}}| = 12 \cdot \sin(15°) \cdot \cos(15°) = 3$.

Die Aufgaben c) und d) illustrieren typische Anwendungen des Sinussatzes, der in e)–h) bewiesen wird.

c) Aus dem Sinussatz folgt sofort $R = \frac{a}{2\sin(63°)} = 2,24$ cm. Es sind $\gamma = 180° -$ $\alpha - \beta = 68°$ und $A = \frac{h_c c}{2} = \frac{\sin(\beta)ac}{2}$. Aus dem Sinussatz folgt $c = \frac{a\sin(\gamma)}{\sin(\alpha)} =$ $4,16$ cm. Einsetzen ergibt schließlich $A = 6,28$ cm^2.

d) Der Inkreismittelpunkt I ist der Schnittpunkt der Winkelhalbierenden. Den Berührpunkt des Inkreises auf AB bezeichnen wir mit H. Es steht $\overline{IH}$ senkrecht auf AB, und es ist $r = |\overline{IH}|$. Aus dem Sinussatz (angewandt auf das Dreieck ABI) folgt $\frac{c}{\sin(180°-\alpha/2-\beta/2)} = \frac{|\overline{AI}|}{\sin(\beta/2)}$. Auflösen ergibt $|\overline{AI}| = \frac{\sin(24,5°)4,16 \text{ cm}}{\sin(124°)}$ $= 2,08$ cm und schließlich $r = |\overline{AI}|\sin(31,5°) = 1,09$ cm.

e) (i) + (ii): Es ist $h_c = a\sin(\beta)$ und $h_c = b\sin(\alpha)$.
   (iii) Für $\beta < 90°$ (für $\beta = 90°$, für $\beta > 90°$) liegt h_c innerhalb des Dreiecks (ist $h_c = a$, liegt h_c außerhalb des Dreiecks; vgl. Abb. 11.1, linke Skizze). Für (ii) ist dies nicht relevant. Zu beachten ist (i). Für $\beta = 90°$ ist $\sin(\beta) = 1$ und $h_c = a$, d. h. (i) gilt ebenfalls. Für $\beta > 90°$ ist $h_c = a\sin(180° - \beta) = a\sin(\beta)$, und damit ist (i) auch für $\beta > 90°$ korrekt.

f) Es ist $h_c = a\sin(\beta) = b\sin(\alpha)$ (Aufgabe e)), woraus nach Umformen $\frac{a}{\sin(\alpha)} =$ $\frac{b}{\sin(\beta)}$ folgt. Ebenso gilt $h_b = a\sin(\gamma) = c\sin(\alpha)$ und damit $\frac{a}{\sin(\alpha)} = \frac{c}{\sin(\gamma)}$. Gleichsetzen beweist die beiden ersten Gleichheitszeichen in Gl. (5.2).

g) Das Dreieck ADB besitzt einen rechten Winkel in B (Satz des Thales). Also ist $|\overline{AB}| = c = 2R\sin(\delta)$. Es sind δ und γ Winkel über der Sehne $\overline{AB}$. Also ist $\delta = \gamma$ (Peripheriewinkelsatz) und damit auch $\frac{c}{\sin(\gamma)} = 2R$. Damit ist auch das letzte Gleichheitszeichen in (5.2) bewiesen.

h) Liegt B auf der Geraden AD, so ist $B = D$, weil B und D (oberhalb von AC) auf U liegen. Dann besitzt das Dreieck ABC in C einen rechten Winkel (Satz des Thales), und es ist $\gamma = 90°$, $\sin(\gamma) = 1$ und $c = 2R$. Die rechte Skizze in Abb. 11.1 illustriert den letzten Fall. Wie in g) ist das Dreieck ADB rechtwinklig in B (Satz des Thales), und es ist $c = 2R\sin(\delta)$. Wie in g) sind γ und δ Winkel über der Sehne $\overline{AB}$, liegen jedoch auf unterschiedlichen Seiten. Daher ist $\gamma = 180° - \delta$. Wegen $\sin(\delta) = \sin(180° - \delta)$ gilt auch hier $\frac{c}{\sin(\gamma)} = 2R$, womit Satz 5.1 vollständig bewiesen ist.

Als nächstes wird der alte MaRT-Fall gelöst.

i) Es sei (k, m, n) eine ganzzahlige Lösung von Gl. (5.1). Aus dem Sinussatz folgt $\frac{a}{\sin\alpha} = \frac{b}{\sin\beta} = \frac{c}{\sin\gamma} = d > 0$. Also ist

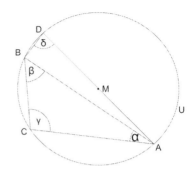
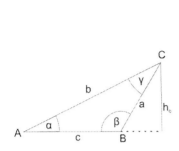

Abb. 11.1 Zwei Skizzen zum Beweis des Sinussatzes

$$k\sin(\alpha) + m\sin(\beta) + n\sin(\gamma) = k\frac{\sin(\alpha)}{a}a + m\frac{\sin(\beta)}{b}b + n\frac{\sin(\gamma)}{c}c =$$

$$k\frac{a}{d} + m\frac{b}{d} + n\frac{c}{d} = \frac{1}{d}\left(3k + \sqrt{5}m + \sqrt{7}n\right) = 0 \qquad (11.1)$$

Also ist das Tripel (k, m, n) genau dann eine Lösung von (5.1), wenn es die Gleichung $3k + \sqrt{5}m + \sqrt{7}n = 0$ löst. Durch die Anwendung des Sinussatzes sind die unbekannten Terme $\sin(\alpha)$, $\sin(\beta)$ und $\sin(\gamma)$ verschwunden. Wir benötigen Fallunterscheidungen. Für $n, m \neq 0$ folgt durch Auflösen der Klammer nach $3k$, Quadrieren und Zusammenfassen der Terme die Gleichung $\frac{9k^2 - 5m^2 - 7n^2}{2nm} = \sqrt{35}$. Das führt zu einem Widerspruch, weil auf der linken Seite eine rationale Zahl, auf der rechten Seite aber eine irrationale Zahl steht. Für $m \neq 0, n = 0$ (bzw. für $m = 0, n \neq 0$) folgt aus dem letzten Term in (11.1) $\frac{-3k}{m} = \sqrt{5}$ (bzw. $\frac{-3k}{n} = \sqrt{7}$), was ebenfalls zum Widerspruch führt. Für $(m = 0, n = 0)$ ist $k = 0$. Daher ist $(k, m, n) = (0, 0, 0)$ die einzige Lösung von (5.1).

j) Beispielsweise erfüllt das rechtwinklige Dreieck $a = 3$, $b = 4$, $c = 5$ die Anforderungen. Analog zum Beweis von i) folgt, dass ein Tripel (k, m, n) genau dann Gl. (5.1) löst, wenn $3k + 4m + 5n = 0$ ist. Eine nichttriviale Lösung ist $(k, m, n) = (1, -2, 1)$.

k) Es bezeichne L die Lösungsmenge von Gl. (5.3). Es ist $\cos(y) = 1$ genau dann, wenn y ein Vielfaches von 2π ist und $\sin(z) = 1$ genau dann wenn $z = \frac{\pi}{2} + m(2\pi)$ für ein $m \in \mathbb{Z}$ ist. Die zweite Zeile von (11.2) erhält man durch Auflösen nach x.

$$x \in L \iff \left(\cos(3x) = \cos(7x) = \sin\left(\frac{x}{4}\right) = 1 \right)$$

$$\iff x \in \left\{ \frac{2\pi k}{3} \mid k \in \mathbb{Z} \right\} \cap \left\{ \frac{2\pi \ell}{7} \mid \ell \in \mathbb{Z} \right\}$$

$$\cap \left\{ 2\pi(4m+1) \mid m \in \mathbb{Z} \right\} \tag{11.2}$$

Es sei $x = 2\pi(4m+1)$ für ein $m \in \mathbb{Z}$. Dann ist $x = \frac{2\pi}{3}k$ für $k = 3(4m+1)$ und $x = \frac{2\pi}{7}\ell$ für $\ell = 7(4m+1)$. Also ist $L = \{2\pi(4m+1) \mid m \in \mathbb{Z}\}$.

Die beiden letzten Aufgaben gehören zur Analysis. Aufgabe l) dient zur Einstimmung. Aufgabe m) verallgemeinert l).

l) Die Aufgaben l) und m) verwenden partielle Integration. (Zur Erinnerung: Für stetig differenzierbare Funktionen $u(\cdot)$, $v(\cdot)$ gilt $\int u(x)v'(x)\,dx = u(x)v(x) - \int u'(x)v(x)\,dx$.) In (11.3) ist $u(x) = \sin(x)$, $v'(x) = \sin(x)$ und damit $u'(x) = \cos(x)$, $v(x) = -\cos(x)$.

$$\int_0^{2\pi} \sin^2(x)\,dx = [-\sin(x)\cos(x)]_0^{2\pi} + \int_0^{2\pi} \cos^2(x)\,dx$$

$$= 0 + \int_0^{2\pi} (1 - \sin^2(x))\,dx$$

$$= 2\pi - \int_0^{2\pi} \sin^2(x)\,dx \tag{11.3}$$

Auflösen nach $\int_0^{2\pi} \sin^2(x)\,dx$ ergibt schließlich $\int_0^{2\pi} \sin^2(x)\,dx = \pi$.

m) Für $m \in \mathbb{N}$ sei $I(m) = \int_0^{2\pi} \sin^m(x)\,dx$. Offenkundig ist $I(0) = 2\pi$ und $I(1) = 0$. Für den Rest dieser Aufgabe ist $m \geq 2$. Analog zu l) (mit $u(x) = \sin^{m-1}(x)$, $v'(x) = \sin(x)$, $u'(x) = (m-1)\sin^{m-2}(x)\cos(x)$, $v(x) = -\cos(x)$) erhält man

$$I(m) = \int_0^{2\pi} \sin^m(x)\,dx = \left[-\sin^{m-1}(x)\cos(x) \right]_0^{2\pi}$$

$$+ (m-1)\int_0^{2\pi} \sin^{m-2}(x)\cos^2(x)\,dx$$

$$= 0 + (m-1)\int_0^{2\pi} \sin^{m-2}(1 - \sin^2(x))\,dx$$

$$= (m-1)I(m-2) - (m-1)I(m) \tag{11.4}$$

Auflösen nach $I(m)$ ergibt die Rekursionsformel $I(m) = \frac{m-1}{m} I(m-2)$. Wegen $I(0) = 2\pi$ führt dies zu

$$I(2n) = \frac{2n-1}{2n} I(2(n-1)) = \cdots = \frac{(2n-1)(2n-3)\cdots 3 \cdot 1}{2n(2n-2)\cdots 4 \cdot 2} \cdot 2\pi \quad (n \geq 1)$$
$$(11.5)$$

Mathematische Ziele und Ausblicke
vgl. Kap. 12.

Kap. 6 setzt Kap. 5 thematisch fort. Hauptthemen sind die komplexe Exponential-funktion (komplexe e-Funktion) und Additionstheoreme für Sinus und Cosinus.

Didaktische Anregung In Kap. 6 werden die komplexen Zahlen in knapper Form eingeführt. Kennen die Schüler die komplexen Zahlen bereits aus dem Schulunter-richt, sollte dies genügen. Andernfalls erscheint es sinnvoll, wenn der Kursleiter noch einige weitere Übungsaufgaben zur Einführung stellt.

Die Aufgaben a)–d) sind relativ einfach. Sie üben das Rechnen mit komplexen Zahlen und festigen das Verständnis wichtiger Definitionen.

a) Es ist $i^4 = i^2 \cdot i^2 = (-1) \cdot (-1) = 1$. Aus den Potenzgesetzen folgt $i^{13} = i^{4\cdot3+1} = \left(i^4\right)^3 \cdot i^1 = i$. Ferner ist $(1+i)^2 = 1^2 + 2i + i^2 = 1 + 2i - 1 = 2i$.

b) Hier führt Erweitern zum Ziel:

$$z = \frac{1}{a+bi} = \frac{a-bi}{(a+bi)(a-bi)} = \frac{a-bi}{a^2+b^2} = \frac{a}{a^2+b^2} + \frac{-b}{a^2+b^2}i \quad (12.1)$$

c) Die Rechnung verläuft analog zu Aufgabe b):

$$\frac{a+bi}{c+di} = \frac{(a+bi)(c-di)}{(c+di)(c-di)} = \frac{ac-adi+bci+bd}{c^2+d^2} = \frac{ac+bd}{c^2+d^2} + \frac{bc-ad}{c^2+d^2}i$$
$$(12.2)$$

d) Einsetzen in die Lösungsformel für quadratische Gleichungen und Teilwurzelziehen ergibt

$$z_{1/2} = \frac{4 \pm \sqrt{16 - 32}}{2} = \frac{4 \pm \sqrt{16 \cdot (-1)}}{2} = \frac{4 \pm 4i}{2} = 2 \pm 2i \,. \qquad (12.3)$$

Anmerkung: Ersetzt man $\sqrt{-1}$ durch $-i$, erhält man dieselben Lösungen.

e) Die Abbildung $z \mapsto \bar{z}$ entspricht der Spiegelung an der reellen Achse.

f) Es ist $|4 - 3i| = \sqrt{4^2 + (-3)^2} = \sqrt{25} = 5$ und $|7i| = \sqrt{7^2} = 7$.

g) Ist $y = a + bi$ und $z = c + di$, so folgt $yz = (ac - bd) + i(ad + bc)$. Einsetzen in die Definition ergibt

$$|yz| = \sqrt{(ac - bd)^2 + (ad + bc)^2} = \sqrt{(ac)^2 + (bd)^2 + (ad)^2 + (bc)^2}$$
$$= \sqrt{(a^2 + b^2)(c^2 + d^2)} = \sqrt{a^2 + b^2} \cdot \sqrt{c^2 + d^2} = |y| \cdot |z| \qquad (12.4)$$

h) Es sei $z = a + bi$. Dann ist $z\bar{z} = (a + bi)(a - bi) = a^2 - abi + abi + b^2 = a^2 + b^2 = |z|^2$, womit (i) gezeigt ist. Teilaufgabe (ii) ist ebenfalls einfach: Aus $|\mathrm{Re}(z)| = |a|$ und $|\mathrm{Im}(z)| = |b|$ folgt $|\mathrm{Re}(z)|, |\mathrm{Im}(z)| \le |z| = \sqrt{a^2 + b^2}$.

Ab jetzt steht die komplexe Exponentialfunktion im Vordergrund. Der alte MaRT-Fall wird in l) gelöst. Die Lösungsidee wird danach noch mehrfach angewandt. Besonders ist Aufgabe p), in der die Konvergenz einer Reihe nachgewiesen wird.

i) Für alle $t \in \mathbb{R}$ ist $|e^{it}| = \sqrt{\cos^2(t) + \sin^2(t)} = 1$. Die Menge $\{e^{it} \mid t \in \mathbb{R}\}$ beschreibt den Einheitskreis in der komplexen Ebene (komplexe Zahlen vom Betrag 1). Man beachte, dass die Funktion $t \mapsto e^{it}$ periodisch mit Periode 2π ist.

j) Es ist $e^{(\pi/2)i} = \cos(\frac{\pi}{2}) + i \sin(\frac{\pi}{2}) = 0 + i \cdot 1 = i$ und $e^{3\pi i} = \cos(3\pi) + i \sin(3\pi) = -1 + 0 \cdot i = -1$.

k) Mit der Funktionalgleichung der komplexen Exponentialfunktion erhält man $e^{2i} \cdot e^{(\pi+2)i} \cdot e^{(-4+\pi)i} = e^{2i+(\pi+2)i+(-4+\pi)i} = e^{2\pi i} = 1$.

l) Es ist $e^{i(x+y)} = e^{ix} \cdot e^{iy}$. Einsetzen von (6.6), Ausmultiplizieren und Zusammenfassen ergibt

$$e^{i(x+y)} = \cos(x + y) + i \sin(x + y) \quad \text{und} \qquad (12.5)$$
$$e^{ix} \cdot e^{iy} = (\cos(x) + i \sin(x))\,(\cos(y) + i \sin(y))$$
$$= (\cos(x)\cos(y) - \sin(x)\sin(y))$$
$$\quad + (\cos(x)\sin(y) + \sin(x)\cos(y))\,i \qquad (12.6)$$

Zwei komplexe Zahlen sind gleich, wenn ihr Realteil und ihr Imaginärteil übereinstimmen. Daher sind mit (12.5) und (12.6) die Additionstheoreme (6.1) und (6.2) bewiesen.

m) Einsetzen von $y = x$ in (12.5) und (12.6) und Zusammenfassen ergibt

$$\cos(2x) = \cos^2(x) - \sin^2(x) = 1 - 2\sin^2(x) \quad \text{und} \tag{12.7}$$
$$\sin(2x) = 2\sin(x)\cos(x) \tag{12.8}$$

n) Aus Kap. 5, Aufgabe b) und mit (12.8) folgt

$$A = 12\sin(15°)\cos(15°) = 6\sin(30°) = 6 \cdot 0{,}5 = 3 \tag{12.9}$$

Der Wert $A = 3$ ist also exakt.

o) Zunächst ist $\cos(30°) = \sqrt{1 - \sin^2(30°)} = \frac{\sqrt{3}}{2}$. Mit (12.7) folgt daraus

$$\frac{\sqrt{3}}{2} = \cos(30°) = 1 - 2\sin^2(15°) \tag{12.10}$$

Es ist $\sin(15°) > 0$. Umstellen von Gl. (12.10) ergibt daher $\sin(15°) = \frac{\sqrt{2-\sqrt{3}}}{2}$.

p) Die Formel (2.2) aus Band VII, Kap. 2, gilt auch für komplexe Zahlen. (Davon kann man sich leicht überzeugen, indem man den Beweis (Band VII, Kap. 8, Aufgabe a)) für reelle Zahlen auf komplexe Zahlen überträgt.) Es ist

$$\sum_{k=0}^{n-1} \cos(k) = \sum_{k=0}^{n-1} \text{Re}\left(e^{ki}\right) = \text{Re}\left(\sum_{k=0}^{n-1}\left(e^i\right)^k\right) = \text{Re}\left(\frac{e^{ni}-1}{e^i-1}\right)$$
$$= \text{Re}\left(\frac{(e^{ni}-1)(e^{-i}-1)}{|e^i-1|^2}\right) = \text{Re}\left(\frac{(e^{ni}-1)(e^{-i}-1)}{2-2\cos(1)}\right) \tag{12.11}$$

für alle $n \in \mathbb{N}$. (Beachte: $\overline{e^i - 1} = e^{-i} - 1$.) Aus der Dreiecksungleichung folgt $|e^{ix} - e^{iy}| \leq 2$ für alle $x, y \in \mathbb{R}$. (Alternativ kann man auch geometrisch argumentieren, da gegenüberliegende Punkte auf dem Einheitskreis den maximalen Abstand 2 annehmen.) Für $(x, y) = (n, 0)$ und $(x, y) = (-1, 0)$ und mit h) (ii) folgt

$$\left|\sum_{k=0}^{n-1} \cos(k)\right| \leq \left|\frac{(e^{ni}-1)(e^{-i}-1)}{2-2\cos(1)}\right| \leq \frac{2 \cdot 2}{2-2\cos(1)} < 5 \tag{12.12}$$

Also gilt für alle $n \in \mathbb{N}$ die Abschätzung $|\frac{1}{n} \sum_{k=0}^{n-1} \cos(k)| < \frac{5}{n}$. Daraus folgt $\lim_{n \to \infty} \frac{1}{n} \sum_{k=0}^{n-1} \cos(k) = 0$.

q) Zunächst ist

$$(e^{ix})^3 = (\cos(x) + i\sin(x))^3$$
$$= \cos^3(x) + 3i\cos^2(x)\sin(x) - 3\cos(x)\sin^2(x) - i\sin^3(x) \quad (12.13)$$

Wegen $e^{3ix} = (e^{ix})^3$ ergeben sich die ersten Gleichheitszeichen in (12.14) und (12.15) durch den Vergleich der Koeffizienten. Die zweiten Gleichheitszeichen folgen aus der Identität $\cos^2(x) + \sin^2(x) = 1$.

$$\cos(3x) = \cos^3(x) - 3\cos(x)\sin^2(x) = 4\cos^3(x) - 3\cos(x) \quad (12.14)$$

$$\sin(3x) = 3\cos^2(x)\sin(x) - \sin^3(x) = 3\sin(x) - 4\sin^3(x) \quad (12.15)$$

r) Einsetzen in (6.2) ergibt (wegen $\cos(-x) = \cos(x)$ und $\sin(-x) = -\sin(x)$)

$$\sin(x + y) + \sin(x - y) \quad (12.16)$$
$$= \sin(x)\cos(y) + \cos(x)\sin(y) + \sin(x)\cos(-y) + \cos(x)\sin(-y)$$
$$= \sin(x)\cos(y) + \cos(x)\sin(y) + \sin(x)\cos(y) - \cos(x)\sin(y)$$
$$= 2\sin(x)\cos(y)$$

Mathematische Ziele und Ausblicke

Kap. 5 und 6 behandeln unterschiedliche Facetten von Sinus und Cosinus. Zentrales Element in Kap. 5 ist der Sinussatz, der auch für Mathematikwettbewerbe nützlich sein kann. In Kap. 6 werden Additionstheoreme für Sinus und Cosinus hergeleitet. Hierfür lernen die Schüler zunächst die komplexe Exponentialfunktion kennen, die üblicherweise erst an der Universität behandelt wird.

Kap. 7 erfordert keine Vorkenntnisse. Interessant ist, dass Anwendungen von Graphen bereits in den „Mathematischen Geschichten I" (Schindler-Tschirner & Schindler, 2019a), Kap. 2, 3, 6, 7, ausgiebig behandelt wurden. Allerdings geschah dies natürlich weniger formal als in Kap. 7.

Die ersten Aufgaben sind relativ einfach und sollen die Schüler mit zentralen Definitionen vertraut machen.

a) Es ist $\deg(1) = 2$, $\deg(2) = 3$, $\deg(3) = 3$, $\deg(4) = 1$, $\deg(5) = 2$ und $\deg(6) = 1$. Ferner ist $|V| = 6$ und $|E| = 6$.

b) Die Summe $\sum_{v \in V} \deg(v)$ zählt jede Kante $\{u, v\} \in E$ zweimal, einmal für $\deg(v)$ und einmal für $\deg(u)$. Daraus folgt die Behauptung.

c) Für alle $v \in V$ ist $\deg(v) \in \{0, 1, \ldots, |V| - 1\}$. Allerdings können Grad 0 und Grad $|V| - 1$ nicht gleichzeitig auftreten. Aus dem Schubfachprinzip ($|V|$ Zahlen in $|V| - 1$ Schubfächern) folgt die Behauptung.

d) Ein Graph $G = (V_0, E)$ besitzt maximal $\binom{20}{2}$ Kanten. Also gibt es $\binom{\binom{20}{2}}{50}$ unterschiedliche Kantenmengen E mit 50 Elementen und ebenso viele Graphen mit 50 Kanten.

Die Aufgaben e)–g) sollen die Schüler mit Satz 7.1 vertraut machen. In den Aufgaben h)–j) folgt der Beweis von Satz 7.1, und Aufgabe k) nutzt die Konstruktivität des Beweises, um eine Eulertour explizit zu bestimmen.

e) Es sei $V_n = \{v_1, \ldots, v_n\}$. Ist $n \geq 3$, so besitzt $G_n = (V_n, E_n)$ für die Kantenmenge $E_n = \{\{v_1, v_2\}, \{v_2, v_3\}, \ldots, \{v_n, v_1\}\}$ offensichtlich eine Eulertour. Für

S. Schindler-Tschirner und W. Schindler, *Mathematische Geschichten VIII – Stochastik, trigonometrische Funktionen und Beweise*, essentials, https://doi.org/10.1007/978-3-662-68360-6_13

$n = 2$ können nur die Kantenmengen $E' = \{\}$ oder $E'' = \{\{v_1, v_2\}\}$ auftreten. Daher gibt es für $n = 2$ keinen eulerschen Graphen.

f) Wir interpretieren das Haus des Nikolaus als Graph $G = (V, E)$ (vgl. Abb. 13.1 (links)). Die Aufgabenstellung ist gleichwertig zur Frage, ob dieser Graph eine Eulertour besitzt. Es ist $\deg(1) = 2$, $\deg(2) = 4$, $\deg(3) = 3$, $\deg(4) = 3$ und $\deg(5) = 4$. Da G zusammenhängend ist und $\deg(3)$ und $\deg(4)$ ungerade sind, existiert nach Satz 7.1 keine Eulertour. Daher ist die Aufgabenstellung nicht erfüllbar.

Anmerkung: Es existiert ein Kantenzug, der in Ecke 3 beginnt und in Ecke 4 endet und alle Kanten genau einmal durchläuft. In der Literatur bezeichnet man dies auch als eine *offene* Eulertour.

g) Es ist $|V| = |\mathscr{P}(M)| = 2^n$. Zur Berechnung von $|E|$ addieren wir die Kanten, die die einzelnen Ecken mit den Ecken verbinden, die ihren echten Teilmengen entsprechen. Auf diese Weise wird jede Kante genau ein Mal gezählt.

$$
|V| = \sum_{A \in \mathscr{P}(M)} \left(2^{|A|} - 1\right) = \sum_{j=0}^{n} \binom{n}{j} \left(2^j - 1\right)
$$

$$
= \sum_{j=0}^{n} \binom{n}{j} 2^j \cdot 1^{n-j} - \sum_{j=0}^{n} \binom{n}{j} 1^j \cdot 1^{n-j}
$$

$$
= (2+1)^n - (1+1)^n = 3^n - 2^n \tag{13.1}
$$

Es ist $\deg(M) = 2^n - 1$. Daher besitzt der Graph G keine Eulertour.

h) Angenommen, die Eulertour beginnt und endet in der Ecke $v \in V$. Wird eine Ecke $w \neq v$ von der Eulertour $m \in \mathbb{N}_0$ Mal besucht, existieren (genau) $2m$ Kanten vom Typ $\{w, *\}$. Die erste und die letzte Kante der Eulertour sind zu v inzident. Wird die Ecke v von der Eulertour noch weitere $k \in \mathbb{N}_0$ Mal besucht, existieren (genau) $(2 + 2k)$ Kanten vom Typ $\{v, *\}$. Damit ist die Behauptung bewiesen.

i) Wegen $|E| < \infty$ endet Rolfs Kantenzug nach endlich vielen Schritten. Ist $w \neq v$, erfordert jeder „Besuch" von w zwei noch nicht verwendete Kanten. Da $\deg(w)$ gerade ist, kann der Kantenzug nicht in $w \neq v$ enden. Daher muss er in v enden.

j) Die erste Hälfte des Beweises wurde bereits in h) erbracht. Es bleibt noch zu zeigen, dass aus der Eigenschaft, dass $\deg(v')$ für alle Ecken gerade ist, die Existenz einer Eulertour folgt. Dazu konstruieren wir zunächst wie in Aufgabe i) einen Kantenzug, der in einer Ecke $v \in V$ beginnt und endet. Wenn dieser Kantenzug bereits alle Kanten enthält, ist er eine Eulertour. Sind noch noch Kanten übrig, besitzt jede Ecke eine gerade Anzahl (ggf. 0) noch nicht verwendeter Kanten. Da G zusammenhängend ist, existiert eine Ecke $v^* \in V$, die der Kantenzug besucht hat $(v, \ldots, v^*, \ldots, v)$ und die noch nicht verwendeten Kanten besitzt. (Ansonsten gäbe es ein $v' \in V$, das von v nicht erreichbar wäre). Wie in i) erzeugen wir einen Kantenzug, der in v^* beginnt und endet $(v^*, \ldots, v^*)$. Den zweiten Kantenzug fügen wir an der Stelle in den ersten Kantenzug, an der der erste Kantenzug die Ecke v^* zum ersten Mal besucht hat. Der Gesamtkantenzug beginnt und endet in v und enthält keine Kante mehrfach. Wir setzen diese Konstruktion fort, bis alle Kanten durchlaufen worden sind, wonach eine Eulertour konstruiert ist.

k) Wie in Aufgabe e) interpretieren wir auch das modifizierte Haus des Nikolaus als Graphen (vgl. Abb. 13.1 (rechts)). Wir nutzen aus, dass der Beweis von Satz 7.1 konstruktiv ist. Zunächst erhalten wir den Kantenzug $\{1, 2\}, \{2, 3\}, \{3, 1\}, \{1, 4\}$, $\{4, 5\}, \{5, 1\}$. In Ecke 3 sind noch Kanten verfügbar, und wir konstruieren einen zweiten Kantenzug $\{3, 5\}, \{5, 2\}, \{2, 4\}, \{4, 3\}$. Führt man die beiden Kantenzüge zusammen (wie in j) beschrieben), erhält man die Eulertour $\{1, 2\}, \{2, 3\}, \{3, 5\}$, $\{5, 2\}, \{2, 4\}, \{4, 3\}, \{3, 1\}, \{1, 4\}, \{4, 5\}, \{5, 1\}$.

Didaktische Anregung Der alte MaRT-Fall ist sicher die schwierigste Aufgabe in diesem Kapitel. Die Hauptschwierigkeit liegt darin, zwei Realweltprobleme (für Skatspiele und Rommékarten) als Graphenprobleme zu modellieren, um Satz 7.1 anwenden zu können. Hier sind vermutlich Hilfestellungen und Tipps notwendig.

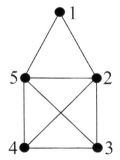 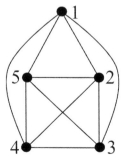

Abb. 13.1 Haus des Nikolaus (links) und ein modifiziertes Haus des Nikolaus (rechts): Interpretation als Graphen

1) Wir übersetzen den alten MaRT-Fall zunächst in zwei Graphenprobleme. Zunächst konstruieren wir zunächst einen Graph $G_1 = (V_1, E_1)$, der die Fragestellung für Skatkarten beschreibt. Die Ecken V_1 entsprechen den Karten eines Skatspiels, wobei jede Karte einmal auftritt. Es ist also $|V_1| = 32$. In G_1 sind zwei Ecken jeweils genau dann durch eine Kante verbunden, falls sie entweder die gleiche Farbe oder das gleiche Bild haben (also ‚befreundet‘ sind). Jede Ecke in G_1 besitzt also $3 + 7 = 10$ Kanten, d. h. es ist $\deg(v_1) = 10$ für alle $v_1 \in V_1$. Auf dieselbe Weise konstruieren wir einen Graphen $G_2 = (V_2, E_2)$ für die Rommékarten. Hier ist $|V_2| = 55$ und $\deg(v_2) = 3 + 12 = 15$ für alle $v_2 \in V_2$. Außerdem sind G_1 und G_2 zusammenhängend, da von jeder Karte zu jeder anderen Karte ein Kantenzug der Länge ≤ 2 existiert. Es sei $e'_1 = \{v'_1, v'_2\}, e'_2 = \{v'_2, v'_3\}, \ldots, e'_m = \{v'_m, v'_1\}$ eine Eulertour im Graphen G_j ($j \in \{1, 2\}$). Dann beschreibt $(v'_1, v'_2, \ldots, v'_m)$ eine geeignete Anordnung der Karten (d. h. eine Anordnung, die Helens Anforderungen erfüllt). Beschreibt umgekehrt $(v''_1, v''_2, \ldots, v''_m)$ eine geeignete Anordnung der Karten, ist $e''_1 = \{v''_1, v''_2\}, e''_2 = \{v''_2, v''_3\}, \ldots, e''_m = \{v''_m, v''_1\}$ eine Eulertour in G_j. D. h.: Aus Eulertouren kann man geeignete Kartenanordnungen konstruieren und umgekehrt. Nach Satz 7.1 existiert für den Graphen G_1 eine Eulertour, aber nicht für G_2. Anders ausgedrückt: Für die Skatkarten existiert eine geeignete Anordnung der Karten, aber nicht für die Rommékarten.

m) Es genügt, die Aufgabe für Skatkarten zu lösen, da für Rommékarten keine Lösung existiert. Wie wissen bereits, dass im Graph G_1 alle $v_1 \in V_1$ den Grad 10 besitzen. Daher muss jede Spielkarte 5 Mal auf dem Tisch liegen. Insgesamt werden also 5 Skatspiele benötigt, d. h. $5 \cdot 32 = 160$ Spielkarten.

Mathematische Ziele und Ausblicke

Der schweizer Mathematiker Leonard Euler hat viele wichtige Beiträge zur Mathematik geliefert und ist auch in den Vorgängerbänden schon mehrfach in Erscheinung getreten. Er gilt auch als Begründer der Graphentheorie. Im Jahr 1736 bewies er, dass das Königsberger Brückenproblem keine Lösung besitzen kann. Die Frage war, ob es einen Rundgang durch die Stadt Königsberg gab, der jede der sieben Brücken über die Pregel genau einmal nutzt.

Graphen werden zur Modellierung unterschiedlichster Realweltprobleme verwendet. Die Graphentheorie besteht aus vielen Teilgebieten, die vor allem der diskreten Mathematik und der theoretischen Informatik zuordnen sind. Ein einführendes Werk in die Graphentheorie ist z. B. (Steger, 2007, Kap. 2).

Was Sie aus diesem *essential* mitnehmen können

Dieses Buch stellt sorgfältig ausgearbeitete Lerneinheiten mit ausführlichen Musterlösungen für eine Mathematik-AG für begabte Schülerinnen und Schüler in der Oberstufe bereit. In sechs mathematischen Kapiteln haben Sie

- gelernt, was Zufallsvariablen sind, und Sie haben mit Erwartungswerten gerechnet.
- grundlegende Konzepte der Spieltheorie verstanden und selbst angewandt.
- Grundlagen der Aussagenlogik kennengelernt und angewandt, und Sie haben Realweltprobleme modelliert und gelöst.
- den Sinussatz kennengelernt und angewandt sowie Additionstheoreme für Sinus und Cosinus bewiesen.
- gelernt, wann ungerichtete Graphen eulersch sind, und Sie haben Realweltprobleme in Graphenprobleme überführt und gelöst.
- gelernt, dass in der Mathematik Beweise notwendig sind, und Sie haben Beweise in unterschiedlichen Anwendungskontexten selbst geführt.

S. Schindler-Tschirner und W. Schindler, *Mathematische Geschichten VIII – Stochastik, trigonometrische Funktionen und Beweise*, essentials, https://doi.org/10.1007/978-3-662-68360-6

67

Literatur

Aigner, M., & Behrends, E. (2016). *Alles Mathematik: Von Pythagoras bis zu Big Data* (4. erw. Aufl.). Springer Spektrum.

Andreescu, T., Gelca, R., & Saul, M. (2009). *Mathematical olympiad challenges* (2. Aufl.). Birkhäuser.

Andreescu, T., & Enescu, B. (2011). *Mathematical olympiad treasures* (2. Aufl.). Birkhäuser.

Baron, G., Czakler, K., Heuberger, C., Janous, W., Razen, R., & Schmidt, B. V. (2019). *Österreichische Mathematik-Olympiaden 2009–2018. Aufgaben und Lösungen.* Eigenverlag.

Bartholomé, A., Rung, J., & Kern, H. (2010). *Zahlentheorie für Einsteiger. Eine Einführung für Schüler, Lehrer, Studierende und andere Interessierte* (7. Aufl.). Vieweg + Teubner.

Basieux, P. (2011). *Abenteuer Mathematik: Brücken zwischen Wirklichkeit und Fiktion* (5. überarb. Aufl.). Spektrum Akademischer.

Bauer, T. (2013). *Analysis – Arbeitsbuch. Bezüge zwischen Schul- und Hochschulmathematik – Sichtbar gemacht in Aufgaben mit kommentierten Lösungen.* Springer.

Behrends, E., Gritzmann, P., & Ziegler, G. M. (Hrsg.). (2008). *π und Co. – Kaleidoskop der Mathematik.* Springer.

Beutelspacher, A. (2016). *Mathe-Basics zum Studienbeginn – Survival KIT Mathematik* (2. Aufl.). Springer.

Blinne, A., Müller, M., & Schöbel, K. (Hrsg.). (2017). *Was wäre die Mathematik ohne die Wurzel? Die schönsten Artikel aus 50 Jahren der Zeitschrift $\sqrt{Die\ Wurzel}$.* Springer Spektrum.

Dalwigk, F. A. (2019). *Vollständige Induktion. Beispiele und Aufgaben bis zum Umfallen.* Springer Spektrum.

Dangerfield, J., Davis, H., Farndon, J., Griffith, J., Jackson, J., Patel, M., & Pope, S. (2020). *Big Ideas. Das Mathematik – Buch.* Dorling Kindersley.

https://www.mathematik.de/schuelerwettbewerbe. Webseite der Deutschen Mathematiker-Vereinigung. Zugegriffen: 29. Apr. 2023.

Engel, A. (1998). *Problem-solving strategies.* Springer.

Forster, O., & Lindemann, F. (2023). *Analysis 1* (13. Aufl.). Springer Spektrum.

Forster, O., & Wessoly, R. (2017). *Übungsbuch zur Analysis 1* (7. Aufl.). Springer Spektrum.

Glaeser, G., & Polthier, K. (2014). *Bilder der Mathematik* (2. Aufl.). Springer Spektrum.

© Der/die Herausgeber bzw. der/die Autor(en), exklusiv lizenziert an Springer-Verlag GmbH, DE, ein Teil von Springer Nature 2023
S. Schindler-Tschirner und W. Schindler, *Mathematische Geschichten VIII – Stochastik, trigonometrische Funktionen und Beweise*, essentials,
https://doi.org/10.1007/978-3-662-68360-6

Haftendorn, D. (2016). *Mathematik sehen und verstehen. Schlüssel zur Welt* (2. erw. Aufl.). Springer Spektrum.

Henze, N. (2021). *Stochastik für Einsteiger. Eine Einführung in die faszinierende Welt des Zufalls* (13. Aufl.). Springer Spektrum.

Hilgert, I., & Hilgert, J. (2021). *Mathematik-ein Reiseführer* (2. Aufl.). Springer Spektrum.

Hoever, G. (2015). *Arbeitsbuch höhere Mathematik: Aufgaben mit vollständig durchgerechneten Lösungen.* Springer.

Hoever, G. (2020). *Höhere Mathematik kompakt: Mit Erklärvideos und interaktiven Visualisierungen.* Springer.

Institut für Mathematik der Johannes-Gutenberg-Universität Mainz, Monoid-Redaktion. (Hrsg.). (1981–2023). *Monoid – Mathematikblatt für Mitdenker.* Institut für Mathematik der Johannes-Gutenberg-Universität Mainz, Monoid-Redaktion.

Jaeger, L. (2022). *Emmy Noether. Ihr steiniger Weg an die Weltspitze der Mathematik.* Südverlag.

Joklitschke, J., Rott, B., & Schindler, M. (2018). Mathematische Begabung in der Sekundarstufe II – die Herausforderung der Identifikation. In U. Kortenkamp & A. Kuzle (Hrsg.), *Beiträge zum Mathematikunterricht 2017* (S. 509–512). WTM.

Kiehl, M. (2006). *Mathematisches Modellieren für die Sekundarstufe II.* Cornelsen Scriptor.

Kruteskii, V. A. (1976). *The Psychology of Mathematical Abilities in Schoolchildren.* University of Chicago Press.

Kultusministerkonferenz (KMK). (2015). *Förderstrategie für leistungsstarke Schülerinnen und Schüler.* Bonn 2015.

Kultusministerkonferenz (KMK). (2016). *Gemeinsame Initiative von Bund und Ländern zur Förderung leistungsstarker und potenziell besonders leistungsfähiger Schülerinnen und Schüler.* Bonn 2016.

Leppmeier, M. (2019). *Mathematische Begabungsförderung am Gymnasium. Konzepte für Unterricht und Schulentwicklung.* Springer Spektrum.

Löh, C., Krauss, S., & Kilbertus, N. (Hrsg.). (2019). *Quod erat knobelandum. Themen, Aufgaben und Lösungen des Schülerzirkels Mathematik der Universität Regensburg* (2. Aufl.). Springer Spektrum.

Mathematik-Olympiaden e. V. Rostock. (Hrsg.). (1996–2016). *Die 35. Mathematik-Olympiade 1995/1996 – die 55. Mathematik-Olympiade 2015/2016.* Hereus.

Mathematik-Olympiaden e. V. Rostock. (Hrsg.). (2017–2023). *Die 56. Mathematik-Olympiade 2016/2017 – die 62. Mathematik-Olympiade 2022/2023.* Adiant Druck.

Meier, F. (Hrsg.). (2003). *Mathe ist cool! Junior. Eine Sammlung mathematischer Probleme.* Cornelsen.

Menzer, H., & Althöfer, I. (2014). *Zahlentheorie und Zahlenspiele: Sieben ausgewählte Themenstellungen* (2. Aufl.). De Gruyter Oldenbourg.

Möhringer, J. (2019). *Begabtenförderung in der gymnasialen Oberstufe.* LIT.

Müller, E., & Reeker, H. (2001). *Mathe ist cool!. Eine Sammlung mathematischer Probleme.* Cornelsen.

Oswald, F. (2002). *Begabtenförderung in der Schule. Entwicklung einer begabtenfreundlichen Schule.* Facultas Universitätsverlag.

Paar, C., & Pelzl, J. (2016). *Kryptographie verständlich. Ein Lehrbuch für Studierende und Anwender.* Springer Vieweg.

Post, U. (2020). *Fit fürs Studium Mathematik.* Rheinwerk.

Rauhut, B., Schmitz, N., & Zachow, E.-W. (1979). *Spieltheorie*. Teubner.

Reiss, K., Schmieder, G., & Schmieder, G. (2007). *Basiswissen Zahlentheorie*. Springer.

Rott, B., & Schindler, M. (2017). Mathematische Begabung in den Sekundarstufen erkennen und angemessen aufgreifen, Ein Konzept für Fortbildungen von Lehrpersonen. In J. Leuders, T. Leuders, S. Prediger, & S. Ruwisch (Hrsg.), *Mit Heterogenität im Mathematikunterricht umgehen lernen* (S. 235–245). Springer Fachmedien.

Schiemann, S. (geb. Wichtmann) (Hrsg.). (2009). *Talentförderung Mathematik: Ein Tagungsband anlässlich des 25-jährigen Jubiläums der Schülerförderung*. LIT.

Schindler-Tschirner, S., & Schindler, W. (2019a). *Mathematische Geschichten I – Graphen, Spiele und Beweise. Für begabte Schülerinnen und Schüler in der Grundschule*. Springer Spektrum.

Schindler-Tschirner, S., & Schindler, W. (2019b). *Mathematische Geschichten II – Rekursion, Teilbarkeit und Beweise. Für begabte Schülerinnen und Schüler in der Grundschule*. Springer Spektrum.

Schindler-Tschirner, S., & Schindler, W. (2021a). *Mathematische Geschichten III – Eulerscher Polyedersatz, Schubfachprinzip und Beweise. Für begabte Schülerinnen und Schüler in der Unterstufe*. Springer Spektrum.

Schindler-Tschirner, S., & Schindler, W. (2021b). *Mathematische Geschichten IV – Euklidischer Algorithmus, Modulo-Rechnung und Beweise. Für begabte Schülerinnen und Schüler in der Unterstufe*. Springer Spektrum.

Schindler-Tschirner, S., & Schindler, W. (2022a). *Mathematische Geschichten V – Binome, Ungleichungen und Beweise. Für begabte Schülerinnen und Schüler in der Mittelstufe*. Springer Spektrum.

Schindler-Tschirner, S., & Schindler, W. (2022b). *Mathematische Geschichten VI – Kombinatorik, Polynome und Beweise. Für begabte Schülerinnen und Schüler in der Mittelstufe*. Springer Spektrum.

Schindler-Tschirner, S., & Schindler, W. (2023). *Mathematische Geschichten VII – Extremwerte, Modulo und Beweise. Für begabte Schülerinnen und Schüler in der Oberstufe*. Springer Spektrum.

Schülerduden Mathematik I – Das Fachlexikon von A–Z für die 5. bis 10. Klasse. (2011). (9. Aufl.). Dudenverlag.

Schülerduden Mathematik II – Ein Lexikon zur Schulmathematik für das 11. bis 13. Schuljahr. (2004). (5. Aufl.). Dudenverlag.

Singh, S. (2001). *Fermats letzter Satz. Eine abenteuerliche Geschichte eines mathematischen Rätsels* (6. Aufl.). dtv.

Specht, E., Quaisser, E., & Bauermann, P. (Hrsg.). (2020). *50 Jahre Bundeswettbewerb Mathematik. Die schönsten Aufgaben*. Springer Spektrum.

Specht, E., & Strick, R. (2009). *Geometria – Scientiae atlantis 1*. 440+ *mathematische Probleme mit Lösungen* (2. Aufl.). Koch-Druck.

Steger, A. (2007). *Diskrete Strukturen. Band 1* (2. Aufl.), Springer.

Steger, A. (2002). *Diskrete Strukturen. Band 2* (1. Aufl.), Springer.

Stewart, I. (2020). *Größen der Mathematik. 25 Denker, die Geschichte schrieben* (2. Aufl.). Rowohlt Verlag GmbH.

Strick, H. K. (2017). *Mathematik ist schön: Anregungen zum Anschauen und Erforschen für Menschen zwischen 9 und 99 Jahren*. Springer Spektrum.

72

Strick, H. K. (2018). *Mathematik ist wunderschön: Noch mehr Anregungen zum Anschauen und Erforschen für Menschen zwischen 9 und 99 Jahren*. Springer Spektrum.

Strick, H. K. (2020). *Mathematik ist wunderwunderschön*. Springer Spektrum.

Strick, H. K. (2020). *Mathematik – einfach genial! Bemerkenswerte Ideen und Geschichten von Pythagoras bis Cantor*. Springer Spektrum.

Telekomstiftung. (2011). *Frühstudium. Ein Vorhaben der Deutschen Telekom Stiftung zur Förderung von exzellentem MINT-Nachwuchs*. https://www.telekom-stiftung.de/sites/default/files/buch_fruehstudium.pdf.

Tent, M. B. W. (2006). *The prince of mathematics: Carl Friedrich Gauss*. CRC Press.

Ullrich, H., & Strunck, S. (Hrsg.). (2008). *Begabtenförderung an Gymnasien. Entwicklungen, Befunde, Perspektiven*. VS Verlag für Sozialwissenschaften.

Walz, G. (Hrsg.). (2017). *Lexikon der Mathematik (5 Bände)*. Springer Spektrum.

Weitz, E., & Stephan, H. (2022). *Gesichter der Mathematik: 111 Porträts und biographische Miniaturen*. Springer.

Wurzel – Verein zur Förderung der Mathematik an Schulen und Universitäten e. V. (1967–2023). *Die Wurzel – Zeitschrift für Mathematik*. https://www.wurzel.org/.

Zehnder, M. (2022). *Mathematische Begabung in den Jahrgangsstufen 9 und 10. Ein theoretischer und empirischer Beitrag zur Modellierung und Diagnostik*. Springer Spektrum.

Printed in the United States
by Baker & Taylor Publisher Services